日本産ヒラタムシ上科図説

第1巻　ヒメキノコムシ科・ネスイムシ科・チビヒラタムシ科

平野　幸彦　著

Cucujoidea of Japan

Vol.1　Sphindidae, Monotomidae, Laemophloeidae

Author：Yukihiko Hirano

May, 2009　by　Roppon-Ashi Entomological Books (Tokyo, JAPAN)　　昆虫文献 六本脚

Cucujoidea of Japan
Vol.1 Sphindidae, Monotomidae, Laemophloeidae
ISBN 978-4-902649-09-3

Date of publication : May 1st, 2009   1st print
                      March 1st, 2021   2nd print
                      January 1st, 2025   3rd print
Author : Yukihiko Hirano
Published by Roppon-Ashi Entomological Books (Tokyo, Japan)
    Sanbanchō MY building, Sanbanchō 24-3, Chiyoda-ku, Tokyo, 102-0075 JAPAN
    Phone: +81-3-6825-1164   Fax: +81-3-5213-1600
    URL: http://kawamo.co.jp/roppon-ashi/
    E-MAIL: roppon-ashi@kawamo.co.jp
Retail price: JPY3,000

Copyright©2009 Roppon-Ashi Entomological Books
All rights reserved. No part or whole of this publication may be reproduced
without written permission of the publisher.

日本産ヒラタムシ上科図説
第1巻 ヒメキノコムシ科・ネスイムシ科・チビヒラタムシ科
ISBN 978-4-902649-09-3

発行日 ：   2009年5月1日 第1刷
           2021年3月1日 第2刷
           2025年1月1日 第3刷
著 者 ：   平野 幸彦
発行者 ：   川井 信矢
           昆虫文献 六本脚
           〒102-0075 東京都千代田区三番町24-3   三番町MYビル
           TEL: 03-6825-1164   FAX: 03-5213-1600
           URL: http://kawamo.co.jp/roppon-ashi/
           E-MAIL: roppon-ashi@kawamo.co.jp
定 価 ：   3,300円（本体3,000円＋税10％）

　本書の一部あるいは全部を無断で複写複製することは，法律で認められた場合を除き，
著作権者および出版社の権利侵害となります．あらかじめ小社あて許諾をお求め下さい．

著者紹介

平野 幸彦　Yukihiko HIRANO

　1934 年東京生まれ．東北大学農学部卒業．
高校時代から甲虫を求めて，神奈川県を中心
に北は利尻島から南は与那国島まで採集して
歩いた．集めた日本産甲虫標本は約 7,000 種．
書いた報文・短報はおよそ 500 篇．
　主な著書に「甲虫とつきあう本」（日本交通
公社出版事業局），「神奈川昆虫誌 II（コウチ
ュウ）」（神奈川昆虫談話会）などがある．

所属する会：
日本鞘翅学会，日本甲蟲学会，日本昆虫分類
学会，神奈川昆虫談話会，コガネムシ研究会

著者住所：
〒250-0865　神奈川県小田原市蓮正寺 585-29
E-mail：hirano-yukihiko@nifty.com

はじめに

　従来の図鑑の欠点は，経済的な理由や写真技術が進歩していなかったためか図版と解説が別々で使いづらいことと，微小な甲虫の写真が小さくてわかりにくいことである．また，検索表がついていないものもあり，記述も充分とはいえず，同定ができないものもあった．

　最近になっても新しい図鑑は出版されず，アマチュアやアセスメント調査の同定に支障をきたしている．私自身も同定依頼をしばしば受けるが，これといった解説や図示されたものがないため，困っていた．それ故，自分のコレクションを整理する意味で，それぞれの科ごとに手作りで図説を作成した．これを虫屋仲間に見せたところ，多くの反響があって，皆がほしいという．それでは何とか出版できないかと大林延夫博士ほか多くの人と相談して，ここに手作り図説の作成を決心した．なにぶん一介のアマチュアが作った図説なので，充分満足できる出来映えとはいえないが，お許し願いたい．

　日本産甲虫類は約 11,000 種知られているが，特にヒラタムシ上科は微小な種が多く，大型のオサムシやカミキリなどと違い，研究も遅れており，甲虫愛好者にも周知されていないのが現状である．しかし，微小の甲虫にも興味深い形態をしたものもあり，その生態も未知なものが多く，今後研究を進める分野だと考えている．この小冊子により，ヒラタムシ上科に興味を持つ人がひとりでも増えれば，望外の喜びである．

　今回の図説を作る課程で，多くの方にお世話になった．ご芳名は省略させていただくが，厚く御礼申し上げる．下記の方々のほか，標本をご恵与くださり，ご教授，ご鞭撻をいただいた多数の方々にもお礼を申し上げたい．

　お借りした標本：　愛媛大学農学部昆虫学研究室（久松定成コレクション）

　撮影した標本をいただいた方々：　青木淳一，天春明吉，(故)石田正明，今坂正一，上杉謙太，岡田圭司，金子義紀，加藤敏行，木下富夫，杉本可能，白石正人，H. Takada，滝沢春雄，田中勇，多比良嘉晃，露木繁雄，的場績，矢野倫子，山上明，渡辺崇（敬称略，五十音順）

　凡　例
1. 分類体系は Löbl & Smetana (eds.), Catalogue of Palaearctic Coleoptera 4 (2007)に準拠している．文中で単にカタログとあるのはこのことを指している．
2. ヒラタムシ上科を対象とし，掲載する科はわかる範囲内で全種を網羅した．
3. 科ごとに属，種の検索表を作成した．
4. 区別点は上部から見える外部形態を利用して検索表を作った．
5. 和名はすべての種につけた．和名が提唱されていないものも便宜上仮称をつけた．
6. 種ごとに撮影した写真を図示した．また，撮影した標本のデータを明記した．
7. 写真はすべてほぼ同じ大きさにしてあるので，実物の大きさは体長を参考にしていただきたい．
8. 種ごとに簡単な解説を記述し，分布を示した．国外分布はやや大まかである．
9. 参考文献を最後に記した．
10. 用語の説明は割愛するが，各種図鑑や平野(2007)を参照していただきたい．
11. 目次は目録形式にした．

目　次

はじめに ……………………………………………………………………………………… 1

Family Sphindidae Jacquelin du Val, 1860　ヒメキノコムシ科 …………… 5

Subfamily Sphindinae Jacquelin du Val, 1860　ヒメキノコムシ亜科 ……………… 5
Genus *Sphindus* Dejean, 1821　ヒメキノコムシ属 …………………………… 5
Sphindus brevis Reitter, 1879　ツヤヒメキノコムシ ……………………………… 5
Sphindus castaneipennis Reitter, 1879　クリイロヒメキノコムシ ……………… 6

Subfamily Aspidiphorinae Kiesenwetter, 1877　マルヒメキノコムシ亜科 …………… 6
Genus *Aspidiphorus* Dejean, 1821　マルヒメキノコムシ属 …………………… 6
Aspidiphorus japonicus Reitter, 1879　マルヒメキノコムシ …………………… 7
Aspidiphorus sakaii Sasaji, 1993　サカイマルヒメキノコムシ ………………… 7
Aspidiphorus sp.　オキナワマルヒメキノコムシ（仮称） ……………………… 8

Family Monotomidae Laporte, 1840　ネスイムシ科 …………………………… 9

Subfamily Rizophaginae Redtenbacher, 1745　ネスイムシ亜科 ………………… 9
Genus *Rhizophagus* Herbst, 1793　ネスイムシ属 ……………………………… 9
Subgenus *Anomophagus* Reitter, 1907 ………………………………………… 10
Rhizophagus (*Anomophagus*) *puncticollis* (Sahlberg, 1873)　クロヒメネスイ …… 10
Subgenus *Rhizophagus* Herbst, 1793 …………………………………………… 10
Rhizophagus (*Rhizophagus*) *japonicus* Reitter, 1884　ヤマトネスイ …………… 10
Rhizophagus (*Rhizophagus*) *nobilis* Lewis, 1884　ムナビロネスイ …………… 11
Rhizophagus (*Rhizophagus*) *parviceps* Reitter, 1884　チビネスイ …………… 11
Rhizophagus (*Rhizophagus*) *simplex* Reitter, 1884　ツヤネスイ ……………… 12
Rhizophagus (*Rhizophagus*) *subvillosus* Reitter, 1884　ムクゲネスイ ………… 12

Subfamily Monotominae Laporte, 1840　デオネスイ亜科 ……………………… 13
Genus *Europs* Wollaston, 1854 ………………………………………………… 13
Subgenus *Europs* Wollaston, 1854 ……………………………………………… 14
Europs (*Europs*) *temporis* Reitter, 1884　ホソデオネスイ …………………… 14
Europs (*Europs*) sp. 1　ヤクシマホソデオネスイ（仮称） …………………… 14
Europs (*Europs*) sp. 2　オキナワホソデオネスイ（仮称） …………………… 15
Subgenus *Monotopion* Reitter, 1885 …………………………………………… 15
Europs (*Monotopion*) *ferrugineum* Reitter, 1884　ニセデオネスイ …………… 15

Genus *Mimemodes* Reitter, 1876　オバケデオネスイ属 ……………………… 16
Mimemodes caenifrons Grouvelle, 1913　ズバケデオネスイ …………………… 16
Mimemodes cribratus (Reitter, 1874)　アナバケデオネスイ …………………… 17
Mimemodes emmerichi Mader, 1937　オオバケデオネスイ …………………… 18
Mimemodes japonus (Reitter, 1874)　コバケデオネスイ ……………………… 18
Mimemodes monstrosus (Reitter, 1874)　オバケデオネスイ …………………… 19

Genus *Monotoma* Herbst, 1793　デオネスイ属 ･･･････････ 19
　Monotoma brevicollis brevicollis Aubé, 1873　カドコブデオネスイ ････････ 20
　Monotoma longicollis (Gyllenhal, 1827)　ホソムネデオネスイ ････････ 21
　Monotoma picipes Herbst, 1793　トビイロデオネスイ ････････ 21
　Monotoma quadrifoveolata Aubé, 1837　ヨツアナデオネスイ ････････ 22
　Monotoma spinicollis Aubé, 1873　トゲムネデオネスイ ････････ 22
　Monotoma testacea Motschulsky, 1845　ウスイロデオネスイ ････････ 23

Genus *Rhizophagoides* Nakane et Hisamatsu, 1963 ･･････････ 23
　Rhizophagoides kojimai Nakane et Hisamatsu, 1963　ニセケブカネスイ ････････ 24
　Rhizophagoides sp.　チャイロニセケブカネスイ（仮称） ････････ 24

Genus *Shoguna* Lewis, 1884　ホソネスイ属 ･･････････ 25
　Shoguna rufotestacea Lewis, 1884　キイロホソネスイ ････････ 25

Family Laemophloeidae Ganglbauer, 1899　チビヒラタムシ科 ･････････ 26

　Subfamily **Laemophloeinae** Ganglbauer, 1899　チビヒラタムシ亜科 ･･････････ 26
　　Genus *Cryptolestes* Ganglbauer, 1899　カクムネチビヒラタムシ属 ･･････････ 27
　　　Cryptolestes capensis (Waltl, 1834)　ホソカクムネホソヒラタムシ ････････ 28
　　　Cryptolestes ferrugineus (Stephens, 1831)　サビカクムネチビヒラタムシ ････････ 28
　　　Cryptolestes pusilloides (Steel et Howe, 1952)　ハウカクムネチビヒラタムシ ････････ 29
　　　Cryptolestes pusillus (Schönherr, 1817)　カクムネチビヒラタムシ ････････ 29
　　　Cryptolestes turcicus (Grouvelle, 1876)　トルコカクムネチビヒラタムシ ････････ 30
　　　Cryptolestes sp. 1　ヨシカクムネチビヒラタムシ（仮称） ････････ 30
　　　Cryptolestes sp. 2　オニカクムネチビヒラタムシ（仮称） ････････ 31

　　Genus *Laemophloeus* Dejean, 1836 ･･････････ 31
　　　Laemophloeus kraussi Ganglbauer, 1897　ヒメキボシチビヒラタムシ（新称） ････････ 32
　　　Laemophloeus submonilis Reitter, 1889　キボシチビヒラタムシ ････････ 32

　　Genus *Leptophloeus* Casey, 1916　ホソチビヒラタムシ属 ･･････････ 33
　　　Leptophloeus abei Sasaji, 1986　ヒゲナガホソチビヒラタムシ ････････ 34
　　　Leptophloeus convexiusculus (Grouvelle, 1877)　グルーベルホソチビヒラタムシ ････････ 34
　　　Leptophloeus femoralis Sasaji, 1983　ホソチビヒラタムシ ････････ 35
　　　Leptophloeus foveicollis Sasaji, 1986　ムナクボホソチビヒラタムシ ････････ 36
　　　Leptophloeus sp. 1　チャイロホソチビヒラタムシ（仮称） ････････ 36
　　　Leptophloeus sp. 2　メボソホソチビヒラタムシ（仮称） ････････ 37
　　　Leptophloeus sp. 3　イリオモテホソチビヒラタムシ（仮称） ････････ 37

　　Genus *Microbrontes* Reitter, 1874 ･･････････ 38
　　　Microbrontes laemophloeoides Reitter, 1874　カギヒゲチビヒラタムシ ････････ 38

　　Genus *Nipponophloeus* Sasaji, 1983 ･･････････ 38
　　　Nipponophloeus boninensis Nakane, 1991　ツヤケシチビヒラタムシ ････････ 39
　　　Nipponophloeus dorcoides (Reitter, 1874)　オオキバチビヒラタムシ ････････ 39

Genus *Notolaemus* Lefkovitch, 1959 ... 40
 Notolaemus cribratus (Reitter, 1889)　モンチビヒラタムシ ... 41
 Notolaemus lewisi (Reitter, 1889)　ルイスチビヒラタムシ ... 41
 Notolaemus nigroornatus (Reitter, 1889)　クロホシチビヒラタムシ ... 42
 Notolaemus ussuriensis Iablokoff-Khnzorian, 1977　ウスリーチビヒラタムシ ... 42
 Notolaemus sp. 1　クロケブカチビヒラタムシ（仮称） ... 43
 Notolaemus sp. 2　ウスモンクロチビヒラタムシ（仮称） ... 43
 Notolaemus sp. 3　オキナワチビヒラタムシ（仮称） ... 44

Genus *Placonotus* Macleay, 1871 ... 44
 Placonotus fenestratus (Reitter, 1889)　キイロチビヒラタムシ ... 45
 Placonotus hilleri (Reitter, 1878)　ヒレルチビヒラタムシ ... 46
 Placonotus testaceus (Fabricius, 1787)　カドムネチビヒラタムシ ... 46
 Placonotus sp. 1　ハラグロカドムネチビヒラタムシ（仮称） ... 47
 Placonotus sp. 2　ヒゲブトチビヒラタムシ（仮称） ... 47

Genus *Pseudophloeus* Iablokoff-Khnzorian, 1977 ... 48
 Pseudophloeus fuscicornis (Reitter, 1874)　ウスグロチビヒラタムシ ... 48

Genus *Xylolestes* Lefkovitch, 1962 ... 49
 Xylolestes laevior (Reitter, 1874)　セマルチビヒラタムシ ... 49

属不明種 ... 50
 Gen. et sp.　エグリバチビヒラタムシ（仮称） ... 50

Subfamily **Propalticinae**, Crowson, 1952　ミジンキスイ亜科 ... 51
 Genus *Propalticus* Sharp, 1879　ミジンキスイ属 ... 51
 Propalticus japonicus Nakane, 1966　ヤマトミジンキスイ ... 52
 Propalticus kiuchii Sasaji, 1971　キウチミジンキスイ ... 52
 Propalticus morimotoi H. Kamiya, 1964　マダラミジンキスイ ... 53
 Propalticus ryukyuensis H. Kamiya, 1964　ムネスジミジンキスイ ... 53

参考文献 ... 54

索引 ... 58

おわりに ... 62

編集後記 ... 62

著者紹介 ... 63

Family Sphindidae Jacquelin du Val, 1860　ヒメキノコムシ科

　ヒメキノコムシ科は触角が 10 節（稀に 11 節）で，先端 2-3 節が球桿をなす．跗節式は♂は 5-5-4，♀は 5-5-5 である．すべての種が粘菌を食うという特殊なグループである．いずれも微小な種で，世界に 9 属 61 種ほどしか知られていない．最近，旧北区のカタログ Catalogue of Palaearctic Coleoptera 4 巻(2007)が出版されたが，Sphindidae は Jelínek(2007)が担当しており，旧北区から 17 種がリストアップされている．日本産は 4 種が記録され，酒井(1985)が 3 種の検索表を作っている．

　日本産 Sphindidae ヒメキノコムシ科の属の検索表
1. 前基節窩は後方が閉じる．尾節板中央に縦溝を欠く．体形は長楕円形 ………………… *Sphindus*
- 前基節窩は後方が広く開く．尾節板中央に幅広い縦溝を有する．体形は亜球形 …… *Aspidiphorus*

Subfamily Sphindinae Jacquelin du Val, 1860　ヒメキノコムシ亜科

Genus *Sphindus* Dejean, 1821　ヒメキノコムシ属
　ヨーロッパなどに広く分布する *Sphindus dubius* Gyllenhal がタイプ種で，旧北区からは 5 種が知られている．日本からは 2 種のみ．

　日本産 *Sphindus* 属の種の検索表
1. 上翅は赤褐色で，点刻列の点刻は大きく深く，翅端部まで明瞭で，間室は弱く隆起する．1.7-2.2mm
　………………………………………………… *S. castaneipennis* Reitter　クリイロヒメキノコムシ
- 上翅は暗褐色〜黒褐色で，点刻列の点刻は小さく浅く，翅端部では不明瞭で，間室は平坦．1.8-2.2mm
　……………………………………………………………… *S. brevis* Reitter　ツヤヒメキノコムシ

Sphindus brevis Reitter, 1879　ツヤヒメキノコムシ

　体長 1.8-2.2mm でやや筒状．背面は暗褐色〜黒褐色で，球桿を除く触角と肢は褐色．頭胸背の点刻は細かい．触角は 10 節で，先端 3 節が球桿を作り暗褐色で，末節が極めて大きい．上翅に白っぽい毛が生えている．
　かなり少ない種である．
　分布：　本州，四国；ロシア
　撮影標本データ：　神奈川県二宮町一色，8. X. 2006，平野幸彦採集

Sphindus castaneipennis Reitter, 1879　クリイロヒメキノコムシ

体長 1.7-2.2mm．やや円筒形．頭部，前胸背板が黒褐色で，上翅は赤褐色．触角は 10 節で，先端 3 節が球桿を作り暗褐色で末節が極めて大きい．前胸背板は粗大点刻を密に具え，上翅は大点刻の点刻列を有する．前種より多いが，普通種ではない．

写真はやや前方から撮影したので，上翅が若干，短くなっている．

分布：　本州，四国

撮影標本データ：　愛知県額田町，2. VIII. 2000，平野幸彦採集

Subfamily **Aspidiphorinae** Kiesenwetter, 1877　マルヒメキノコムシ亜科

Genus *Aspidiphorus* Dejean, 1821　マルヒメキノコムシ属

旧北区からは 11 種知られているが，日本からは 2 種だけの記録である．しかし，沖縄には未記録の小さい種がいくつか見られるようである．また，Lafer(1992)は学名および分布に？印を付けて *A. ?lareyniei* Jacquelin du Val を日本？の分布に入れている．この種はヨーロッパに広く見られる種である．何れにせよ，よく調べる必要がある．

日本産 *Aspidiphorus* 属の種の検索表
1. 頭胸背，上翅は黒褐色〜暗赤褐色で，上翅の点刻列は不規則な 1〜2 列のやや大きな点刻を装う．頭胸背は不規則の粗点刻を装う．触角の第 4 節は第 3 節の約 1/3 の長さ．1.2-1.7mm ………………………………………………………………………………… *A. japonicus* Reitter　マルヒメキノコムシ
- 上翅の点刻列は 1 列の点刻を装う．頭胸背の点刻は小さい．1.2mm 前後 ……………………… 2
2. 頭胸背，上翅は赤褐色で，触角の第 4 節は第 3 節の 3/4 の長さ．上翅の点刻列は浅いが粗い点刻を装う ……………………………………………… *A. sakaii* Sasaji　サカイマルヒメキノコムシ
- 頭胸背，上翅は黒褐色〜赤褐色で，触角の第 4 節は第 3 節の約 1/3 の長さ．上翅の点刻列は浅くて小さな点刻を装う ……………………………… *Aspidiphorus* sp.　オキナワマルヒメキノコムシ（仮称）

Aspidiphorus japonicus Reitter, 1879　マルヒメキノコムシ

　体長 1.2-1.7mm とこの仲間ではやや大きい．丸くて亜球形，黒褐色〜暗赤褐色で，触角，口部，肢などは褐色．頭胸背は不規則に粗点刻を装う．触角の第 4 節は第 3 節のおよそ 1/3 の長さ．上翅の点刻列は不規則な 1〜2 列のやや大きな点刻を装う．
　Lafer(1999)はクナシリ島から報告している．粘菌に見られ，各地から普通に採集できる．
　分布：　北海道，本州，四国，九州；クナシリ島
　撮影標本データ：　神奈川県小田原市入生田，29. VI. 2003，矢野倫子採集

Aspidiphorus sakaii Sasaji, 1993　サカイマルヒメキノコムシ

　福井県鯖江市が原産地．種小名の *sakaii* は酒井哲弥氏に奉献したもの．触角の第 4 節は第 3 節の 3/4 の長さ．上翅の点刻列は浅いが粗い点刻を装う．約 1.2mm と前種に比較して一回り小さく，赤褐色なので，区別できる．前種より少ないが，稀ではない．
　分布：　本州，四国
　撮影標本データ：　神奈川県厚木市中荻野，9. XI. 1994，平野幸彦採集

Sphindidae　ヒメキノコムシ科

Aspidiphorus sp.　オキナワマルヒメキノコムシ（仮称）

　体長 1.2mm 前後．黒褐色〜赤褐色で，触角基節〜第 8 節と肢などは褐色．触角の第 4 節は第 3 節の 1/3 の長さ．上翅の点刻列はやや小さい点刻を装う．沖縄産と石垣島，西表島産は若干異なるので，2〜3 種に分かれるかもしれない．

　分布：　沖縄島，石垣島，西表島

　撮影標本データ：　沖縄県西表島大富, 1. II. 2001，平野幸彦採集

Family Monotomidae Laporte, 1840　ネスイムシ科

ネスイムシ科は現在 Monotomidae とされているが, 以前は Rhizophagidae を使用しており, Rhizophagus とはギリシャ語で「根を食う」という意味で, ここからネスイムシの名が生まれたものと思われる. しかし, 本科で根を食害するものは日本では見あたらないと思う. なお, Monotomidae になったので, 科名はデオネスイ科とすべきかもしれないが, ここではネスイムシ科を使用する.

　最近, 旧北区のカタログ Catalogue of Palaearctic Coleoptera 4 巻(2007)が出版されたが, Monotomidae は Jelínek(2007)が担当しており, 旧北区から 85 種がリストアップされている. 世界に 250 種, 日本では 7 属 20 種ほどの記録がある. 日本産ネスイムシ科については日本昆虫図鑑(1932)や原色日本昆虫図鑑(1954)などに 2〜3 種の記述があるが, 我々が知るようになったのは中根猛彦(1963)の原色昆虫大図鑑Ⅱからで, 10 種図示されている. その後は久松定成(1985)の原色日本甲虫図鑑(Ⅲ)で, 17 種の図示があり, ネスイムシ科の属の検索表が作られている. いずれの種も尾節板が上から見えるのが特徴で, Monotominae にはデオネスイの名がある. 朽木, 樹皮下, キノコ, 落葉下, 積み藁下, 枯れたトウモロコシなどに見られる小型の甲虫である.

　Rizophaginae ネスイムシ亜科と Monotominae デオネスイ亜科の 2 亜科に分かれており, 従来, *Shoguna* 属と *Thione* 属の 2 属が含まれていたホソネスイムシ亜科 Thioninae は Lawrens & Newton (1995) により Monotominae に含められ, tribe 族としている.

Subfamily **Rizophaginae** Redtenbacher, 1745　ネスイムシ亜科

　この亜科は以前ケシキスイ科 Nitidulidae に入れられていた. 日本産は *Rhizophagus* 属だけで, 6 種が記録されており, このほかに日本未記録種と思われるものは手元にはない.

Genus *Rhizophagus* Herbst, 1793　ネスイムシ属

　原色日本甲虫図鑑(Ⅲ)に久松定成(1985)の検索表があるので, 準用した.

日本産 *Rhizophagus* 属の種の検索表
1. 触角末端部の端部(第 11 節)は基片(第 10 節)からかすかに露出するか見えない(*Anomophagus* 亜属). 前胸背板は縦横同長で, やや後方に狭まり大点刻を装う. 2.5-3.3mm ……………………………………………………………………… *R. puncticollis* (Sahlberg)　クロヒメネスイ
- 触角末端部の端部は 2 段状で, 先方へ狭まり, 基片のほぼ半分（*Rhizophagus* 亜属）………… 2
2. 背面は毛を装い, 頭部, 上翅末端, 尾節板は特に顕著である. 赤褐色で前胸背板, 上翅の中央横帯などは黒ずむ. 前胸は細長く平行. 第 5 腹板中央は急に深く横長にえぐれる. 3.5-4.0mm ……………………………………………………………… *R. subvillosus* Reitter　ムクゲネスイ
- 背面は無毛で, ときに頭部前縁や尾節板に短毛がある …………………………………………… 3
3. 側頭は退化し, 複眼が前胸背板に接する. 前胸背板は幅が長さの 1.2 倍. 2.3-2.7mm ……………………………………………………………………… *R. parviceps* Reitter　チビネスイ
- 側頭は長く, 複眼は前胸背板に接しない. 前胸背板は細長い ………………………………… 4
4. 体は黒色. 前胸背板は中央が縦に軽く圧下され, 点刻が側方で極端に微小となる. 上翅は小点刻を列生する. 前脛節は基部より内縁がやや角張り, 末端外角の突起は強大. 4.0-5.0mm ……………………………………………………………………… *R. nobilis* Lewis　ムナビロネスイ
- 上翅は基部, ときに全体が赤褐色. 前胸背板は一様に隆起する. 前脛節内縁は単純 …………… 5
5. 前胸背板は明らかに細長く, 側縁は直線的. 点刻はやや粗大. 赤褐色で前胸背板, 上翅は明瞭な点刻列を有し, 中央横帯, 会合部, 側縁は黒いが, 稀に全体赤褐色の個体もでる. 2.5-4.3mm ……………………………………………………………… *R. japonicus* Reitter　ヤマトネスイ
- 前胸背板はわずかに長さが幅より大きく, 側縁は膨らむ. 点刻はより細かい. 上翅はほとんど点刻列を作らない. 4mm 前後 …………………………………… *R. simplex* Reitter　ツヤネスイ

Subgenus *Anomophagus* Reitter, 1907

Rhizophagus (Anomophagus) puncticollis (Sahlberg, 1873)　クロヒメネスイ

　本種は *Anomophagus* 亜属に属し，触角は外
見上10節で，第11節は前節の中に埋もれる．
体長 2.5-3.3mm．黒褐色〜黒色で，触角，肢
などは赤褐色．前胸背板は方形で縦横同長．
粗大点刻を一様に装う．上翅は前胸より幅広
く，中央後方まで，ほぼ平行．明瞭な点刻列
を具える．北方系の種で，本州では中部以北
の山地に見られる．

　分布：　北海道，本州；サハリン，東部ヨ
ーロッパ

　撮影標本データ：　神奈川県丹沢堂平, 1. VI.
1993，平野幸彦採集

Subgenus *Rhizophagus* Herbst, 1793

Rhizophagus (Rhizophagus) japonicus Reitter, 1884　ヤマトネスイ

　本種以下は *Rhizophagus* 亜属に属し，触角
は明らかに 11 節認められる．大矢山，箱根，
木賀，須走，函館の標本で記載された．体長
2.5-4.3mm で大きさに多少幅がある．黒褐色
〜赤褐色で通常，赤褐色の上翅に中央と末端
部に黒い斑紋があるが，ないものもあって，
変異が激しい．前胸背板は縦長で，側縁はほ
ぼ平行，点刻はやや大きく，比較的に密であ
る．樹皮下やキクイムシの孔道内に見られ，
山地に多い普通種である．日本産の本科で斑
紋がでる種は本種だけだが，斑紋のないもの
もあるので，同定の際注意を要する．

　分布：　北海道，本州，四国，九州，伊豆
諸島，対馬；台湾，サハリン，シベリア東部

　撮影標本データ：　山梨県篭坂峠, 27. V.
1972，平野幸彦採集

Monotomidae　ネスイムシ科

Rhizophagus (*Rhizophagus*) *nobilis* Lewis, 1884　ムナビロネスイ

　この仲間では大型の種で，4.0-5.3mm．全体黒色〜黒褐色で光沢がある．頭胸には細かい点刻を粗に装い，前胸背板は大きく，長くて平行だが，前方1/3付近でやや膨らみ，胸背の正中部後半はやや凹む．上翅の点刻列も小点刻からなる．前脛節外縁には広く根を張った明瞭な1突起がある．
　樹皮下などから得られるが，あまり多くない．標本はマレーズトラップで得られたもの．
　分布：　北海道，本州，四国，九州；サハリン
　撮影標本データ：　北海道札幌市宮の森，11. VII. 2000，上杉謙太採集

Rhizophagus (*Rhizophagus*) *parviceps* Reitter, 1884　チビネスイ

　湯山，熊本，箱根，大山の標本で記載された．体長は2.3-2.7mmと小さい．黒褐色で，触角，上翅，肢は褐色．複眼の後縁は前胸背板に接している．前胸背板の幅は長さよりやや大きく，側縁は強く丸まり，後方は小鋸歯状を呈し，前角はやや角張る．頭胸背はやや大きな点刻を具える．上翅はほぼ平行でゆるやかに狭まり，やや強い点刻列をともなう．樹皮下などに見られるが，マレーズトラップでも得られる．
　分布：　北海道，本州，四国，九州；サハリン
　撮影標本データ：　長野県大鹿村小渋川，21-23. VIII. 2007，渡辺崇採集

Rhizophagus (*Rhizophagus*) *simplex* Reitter, 1884　ツヤネスイ

　体長 4mm ほどのやや大型の種. 赤褐色～黒褐色で, 口器, 触角, 肢, 上翅基部, 腹部は若干淡色. 前胸背板はわずかに長さが幅より大きく, 側縁はやや膨らむ. 上翅は中央付近が最大幅で, 小点刻の点刻列を装う. 尾節板には微小な短毛がある. 山地に見られ, 少ない種である.
　分布： 北海道, 本州；サハリン, コーカサス, イギリス, フランス
　撮影標本データ： 岐阜県高根村日和田, 4. VII. 1994, 吉富博之採集

Rhizophagus (*Rhizophagus*) *subvillosus* Reitter, 1884　ムクゲネスイ

　体長 3.5-4.0mm. 全体赤褐色を呈するが, 頭胸背と上翅の中央や周辺部はやや暗色となる. 体表面に毛があり, 特に頭部と上翅末端, 尾節板は顕著である. しかし, 毛が少ない個体もあるので,注意. 前胸背板は縦長で, 両側は平行, やや小さい点刻を疎に装う. 第 5 腹板は中央部が, 急に深く横にえぐれている. 熊本県の大矢山が基準産地で, 朽木, 落葉下などで得られるが, 少ない. 図鑑などに図示されていないが, 酒井雅博(1993)が四国虫報に写真を掲載している.
　分布： 本州, 四国, 九州
　撮影標本データ： 神奈川県丹沢堂平, 28. V. 1995, 木下富夫採集

Monotomidae　ネスイムシ科

Subfamily **Monotominae** Laporte, 1840　デオネスイ亜科

　この亜科のものは以前，ヒラタムシ科 Cucujidae になっていたことがある．多くの属を含み，日本では *Monotoma* 属，*Europs* 属，*Mimemodes* 属，*Rhizophagoides* 属，*Shoguna* 属の5属が知られている．

　日本産デオネスイ亜科の属の検索表
1. 附節は♂♀ともに 5-5-5．体は筒状で，頭部と前胸背板の合計はそれより後の部分より長い．側頭は極めて長い ……………………………………………………………………………… *Shoguna*
- ♂の附節は 5-5-5 ではない．頭部と前胸背板の合計はそれより後の部分より短い．側頭は長くない ……………………………………………………………………………………………… 2
2. 頭部は♂では前胸背板より幅広く，♀では同幅，側頭は退化し，複眼のすぐ後方で小突起状となる ……………………………………………………………………………………… *Mimemodes*
- 頭部の幅は前胸背板の幅より狭いか同じ．側頭は認められる ………………………… 3
3. 触角の球桿は 2 節．前胸背板は強い粗大点刻を密に装う ………………… *Monotoma*
- 触角の球桿は 3 節 …………………………………………………………………………… 4
4. 背面は微短毛を装う．触角第 9 節の幅は第 10 節とほぼ同じ ………………… *Europs*
- 背面は長毛を装う．触角第 9 節の幅は第 10 節より小さい ………………… *Rhizophagoides*

Tribe Monotomini Laporte, 1840

Genus *Europs* Wollaston, 1854

　この属は旧北区から 8 種が知られており，日本からは 2 種が記録されている．触角の第 9 節の幅が第 10 節とほぼ同じなのが特徴である．

　日本産 *Europs* 属の種の検索表
1. 側頭はわずかに認められる．平たく小型．1.8〜2.0mm … *E. ferrugineum* Reitter　ニセデオネスイ
- 側頭は複眼の半径とほぼ同じかやや短い．2.2〜2.5mm …………………………………… 2
2. 前胸背板の前角は幅広く丸まる．脛節は細く広がりは弱い ………………………………………………………………………………………… *E.* sp. 1　ヤクシマホソデオネスイ（仮称）
- 前胸背板の前角は角張る．脛節は先端に向かい広がる ………………………………… 3
3. 側頭はやや突出する．前胸背板は正中部の無点刻部を除き，粗大点刻を装う ………………………………………………………………………… *E. temporis* Reitter　ホソデオネスイ
- 側頭は突出せず，丸まる．前胸背板の点刻はまばら …… *E.* sp. 2　オキナワホソデオネスイ（仮称）

Subgenus *Europs* Wollaston, 1854

Europs (Europs) temporis Reitter, 1884　ホソデオネスイ

　体長は 2.2〜2.5mm. 頭側は長く複眼半径に等しい. 触角は短い. 前胸背板はほぼ方形で, 長円形の粗大点刻を疎に装う. 前角は角張り, 中央には縦の無点刻部があり, 後角は広く丸まる. 側縁は小鋸歯状. 上翅は前胸よりやや幅広く, 鎖状の点刻列を装う. 間室は頭胸部と同様に人肌状の微細印刻がある. 脛節は先端に向かい広がる. 尾節に短毛が生えている. 九州の肥後, 湯山が基準産地. 福井県, 神奈川県などでも採れているが少ない.

　分布：　本州, 九州, 伊豆諸島；ロシア

　撮影標本データ：　神奈川県清川村札掛, 10. X. 1986, 平野幸彦採集

Europs (Europs) sp.1　ヤクシマホソデオネスイ（仮称）

　約 2.5mm. 複眼は大きく, 側頭は短い. 触角第 9 節は第 10 節と同じ幅. 前胸背板は縦長で, 後方に狭まり, 側縁は微鋸歯状. 前角は幅広く丸まる. 丸い点刻を密に装い, 中央に縦長の無点刻部がある. 上翅は前胸よりやや幅広く略平行. 鎖状の点刻列が 6 列あり, 第 7 列目は後半部のみにある. 間室には前胸とほぼ同じ微細印刻がある. 尾節に短毛がある. 脛節は細く, 広がりは弱い.

　たった 1 頭の標本があるだけ.

　分布：　屋久島

　撮影標本データ：　鹿児島県屋久島安房, 28. IV. 1967, 平野幸彦採集

Monotomidae　ネスイムシ科

Europs (*Europs*) sp. 2　オキナワホソデオネスイ（仮称）

　複眼は大きく，側頭は短く，突出せず丸まる．触角第9節は第10節と同じ幅．前胸背板は縦長で，後方に狭まり，前角はやや角張る．点刻は小さくまばらである．上翅は前胸よりやや幅広く後方に狭まる．小さく浅い点刻列が7列あるが，一部不鮮明．間室の微細印刻はほとんど認められない．前頭と尾節に短毛を有する．脛節は末端に向かい広がる．約2.5mm．
　本種も1頭しか見たことがない．
　分布：　沖縄島
　撮影標本データ：　沖縄県那覇市首里，17. V. 1989，平野幸彦採集

Subgenus *Monotopion* Reitter, 1885

Europs (*Monotopion*) *ferrugineum* **Reitter, 1884**　ニセデオネスイ

　本種は *Monotopion* の基準種で，日光と箱根の木賀の標本で記載された．体長 1.8-2.0mm と小型．触角は短く，第3節〜第8節は短小で，その合計長は球桿と同長．前胸背板はほぼ縦横同長かやや縦長で，側縁は小鋸歯状．長円形の点刻を疎に装う．上翅は前胸よりやや幅広く，ほぼ平行，やや細い溝を持つ点刻列を有する．Kôno (1940)によりキスヒヒラタの名でキタホソデオネスイ *E. todo* Kôno, 1940 が北海道野幌から記載されているが，本種のシノニムである．あまり多い種ではない．
　分布：北海道，本州，四国
　撮影標本データ：神奈川県南足柄市丸太の森，4. V. 2000，平野幸彦採集

Monotomidae ネスイムシ科

Genus *Mimemodes* Reitter, 1876　オバケデオネスイ属

　Mimemodes 属は♂は一般に頭が大きく，前胸背板より幅広く，♀は普通で，前胸背板と同幅．触角は10節で末節のみが短卵形の球桿を作る．属の検索表は古くは中根猛彦(1956)が作成しているが，原色日本甲虫図鑑(Ⅲ)にも久松定成(1985)の検索表があってわかりやすい．中根はこの属名をオバケオオズネスイムシ属とし，この属のものは○○○デオネスイではなく，○○○オオズネスイムシの和名にしている．日本からは5種が知られているが，手元の標本には日本未記録種と思えるものはない．なお，台湾からは *Mimemodes proximus* Grouvelle, 1913 という種が記載されている．

　日本産 *Mimemodes* 属の種の検索表
1. 前胸背板は中央を縦走する前後部で深まる凹陥がある．第1腹板の基節窩後縁線は単純　………　2
- 前胸背板は凹陥部を欠く．第1腹板の基節窩後縁線は鋭角状に後方に突出する　……………　3
2. 触角第9節は次節と同幅．上翅の点刻は細溝中にあって微小で，間隙の半分以下．3.4-4.5mm …………………………………………………………………………… *M. emmerichi* Mader　オオバケデオネスイ
- 触角第9節は次節より狭い．上翅は条溝不明瞭で，大点刻を列生し，点刻は間隙の2倍以上．2.0-2.4mm ……………………………………………… *M. cribratus* (Reitter)　アナバケデオネスイ
3. 前頭は大きく凹み，中央に短縦隆があり，側縁は両眼内方へかけて強く稜状に隆起し，基部には直立した長毛を生じる．2.1-3.1mm ……………… *M. carenifrons* Grouvelle　ズバケデオネスイ
- 前頭は中央や両眼内方に隆線を欠く．直立した長毛はない　…………………………………　4
4. 頭楯は平坦で前縁が顕著にえぐられる．前胸背板は多少とも前方へ拡大し，側縁全域に微小段刻がある．♂は触角第1節が角張って拡大し，頭部は膨大して複眼間の距離は前胸背板前縁と同じ幅．2.4-3.3mm ……………………………………… *M. monstrosus* (Reitter)　オバケデオネスイ
- 頭楯はやや隆起し前縁は広く丸まる．前胸背板は平行で，側線の微小段刻は基部よりに見られる．♂は触角第1節が単純で，複眼間の距離は前胸背板前縁より明らかに幅狭い．1.9-2.2mm ……………………………………………………………………………… *M. japonus* (Reitter)　コバケデオネスイ

Mimemodes caenifrons Grouvelle, 1913　ズバケデオネスイ

♂

♀

原色昆虫大図鑑第Ⅱ巻(1963)には本種の学名で和名をアナバケデオネスイとして図示されたが，後に追補・正誤表(1978)でズバケデオネスイに訂正している．しかし，新訂原色昆虫大図鑑第Ⅱ巻(2007)ではアナバケデオネスイ *M. cribratus* とされているが，これは誤りで本種である．
　茶褐色〜赤褐色で，体長 2.1-3.1mm．頭部が大きく，広く大きな凹みがあり，中央には短い縦の隆起線がある．全体に毛が生えており，頭部の毛は特に長い．頭部の凹みは♂は深いが，♀は浅い．前胸背板は長さよりやや幅広く，前角は直角状に尖り，後角は丸まり鈍く鋸歯状．上翅は点刻を含む条溝を具え間室は平たい．特異な種なので，同定は容易である．
　分布： トカラ列島，徳之島，沖縄，石垣島；台湾
　撮影標本データ： ♂，沖縄県石垣島オモト岳，16. V. 2008，青木淳一採集；♀，鹿児島県徳之島天城岳，20. IV. 2008，平野幸彦採集

Mimemodes cribratus (Reitter, 1874)　アナバケデオネスイ

　Bactridium 属で Lewis の標本をもとに長崎から記載された．体長は 2.0-2.4mm とやや小さい．全体ほぼ赤褐色．頭は粗く粗に点刻され，両触角間は横弧状に凹む．前胸背板は粗く点刻され，幅より長く，中央は縦に凹み，その前後は深い．側縁の後方部は小鋸歯状を呈する．上翅の側縁はほぼ平行で，密で深い点刻列を具える．頭胸，上翅に粗い点刻があるので，わかりやすい．樹皮下などに見られるが，少ない種である．この標本はスプレーイングで得たもの．なお，前述した通り，新訂原色昆虫大図鑑第Ⅱ巻(2007)に図示されているものは前種である．
　分布： 本州，四国，九州，伊豆諸島，対馬
　撮影標本データ： 愛媛県松山市城山，21. XI. 2008，平野幸彦採集

Monotomidae　ネスイムシ科

Mimemodes emmerichi **Mader, 1937**　オオバケデオネスイ

　　体長は 3.4-4.5mm とやや大きい．黄褐色〜暗褐色．頭胸背は粗点刻を散布し，頭は滑らかな浅い凹みを両側，中央，後方に具え，前胸背板の中央には前後に凹みがある．上翅は点刻を含む条溝を有し，間室はわずかに隆まり，前方 1/4 付近に横の凹みを具える．脛節は強く広がり，基部が暗色となる．♂は頭部が大きいが，♀は普通．どちらかというと珍しい種である．大澤省三氏はコフキコガネの死骸腹中から多数得たというし，市橋甫(1998)はヒグラシの死骸から採集したと報告している．大変興味深い生態である．なお，筆者が採集したのはビーティングだったと思う．

　分布：　本州，四国，九州

　撮影標本データ：　♂，♀，愛知県額田町，2. VIII. 2000，平野幸彦採集

Mimemodes japonus **(Reitter, 1874)**　コバケデオネスイ

Bactridium 属で Lewis の標本をもとに Japonia から記載された．体長は 1.9-2.2mm で，この属では最小．黄褐色〜赤褐色で上翅の会合縁，小楯板周辺，先端部はやや暗色となる．♂の頭部は大きく，側頭は丸く張りだす．前胸背板は縦長で，やや長い粗大点刻を装い，側縁は後部のみ小鋸歯状．♂の前角はほぼ直角で，♀はやや丸まる．後角は♂♀共に丸まる．上翅は前胸とほぼ同幅かやや幅広い．条溝はかなり強く点刻され，間室は平たい．南に多く分布する種で，あまり多くはない．中根猛彦(1956)は台湾から記載された *M. proximus* Grouvelle は本種のシノニムではないかと述べている．

　分布：　本州，四国，九州，伊豆諸島，トカラ列島，沖縄島；台湾

　撮影標本データ：　♂，愛媛県今治市，31. I. 1993，白石正人採集；♀，神奈川県真鶴町真鶴岬，20. V. 1995，平野幸彦採集

Mimemodes monstrosus (Reitter, 1874)　オバケデオネスイ

Lewis の長崎産の標本をもとに *Bactridium* 属で記載された．体長 2.4-3.3mm．通常，黄褐色〜赤褐色で，頭胸背が黒化するものや上翅の先端前中央に暗色の紋がでる個体もある．♂は複眼の部分が横に張りだし，触角第 1 節が略長四角形に膨らむ．♀は頭部，触角などは普通である．前胸背板はやや横長で，側縁は細かい鈍鋸歯状を呈する．長目の点刻を疎布し前角はほぼ直角，後角は丸まる．上翅は細く条刻され，点刻は細かく，間室は平たい．

　枯れたアシや枯れたトウモロコシの実によく見られるし，バナナトラップでも得られる．この仲間では最も多い普通種である．

　分布：　本州，四国，九州，伊豆諸島，対馬，トカラ列島，奄美大島，沖縄島；台湾，中国

　撮影標本データ：　♂，愛知県幸田町，7. VIII. 2003，平野幸彦採集；♀，神奈川県小田原市，14. VIII. 1988，平野幸彦採集

Genus *Monotoma* Herbst, 1793　デオネスイ属

　この属は広域に分布する外来種などが含まれ，旧北区からは 24 種が知られている．日本からは 6 種が確認できたが，今後，外来種がいくつか増えると思われる．なお，この属のものは表面が泥状の被膜に被われるものが多いので，同定の際，配慮が必要である．

Monotomidae　ネスイムシ科

日本産 *Monotoma* 属の種の検索表

1. 複眼は小さく，側頭(tempora)は複眼の直径よりはるかに長く，わずかに内側に狭まる．前胸背板はほぼ正方形で，側縁は直線的で平行．4 凹陥ないし縦に融合した 2 縦溝がある．体長 1.8-2.3mm ……………………………………………………………… *M. quadrifoveolata* Aubé　ヨツアナデオネスイ
- 複眼は大きいかやや小さく，側頭は複眼の直径と同じか短い ……………………………………… 2
2. 複眼はやや小さく，側頭は複眼の直径とほとんど同長．前胸背板は平たく，やや後方に広がるかほぼ平行で，基部に明瞭な 2 凹陥があり，前半にも不明瞭の 2 凹陥があり，後角は角張る．体長 1.8-2.2mm ……………………………………………………………… *M. testacea* Motschulsky　ウスイロデオネスイ
- 複眼は大きく，側頭は複眼の直径より短い．前胸背板は基部に 2 凹陥が認められる ………………… 3
3. 体型は細く，前頭側方に凹陥がない．前胸背板は略平行で，後角は不明瞭，細かく粗に点刻される．体長 1.3-1.8mm ……………………………………… *M. longicollis* (Gyllenhal)　ホソムネデオネスイ
- 体型はより幅広く，前頭側方に凹陥が認められる．前胸背板は後方へ広がる．体長は少なくとも 1.8mm 以上 …………………………………………………………………………………………… 4
4. 前胸背板は前角が強く突出し，側縁は湾曲し，後角は不鮮明．体長 2.0-2.6mm ……………………………………………………………………… *M. spinicollis* Aubé　トゲムネデオネスイ
- 前胸背板の後角は小コブ状 …………………………………………………………………………… 5
5. 前頭側方の凹陥は不明瞭．側頭は複眼の半径より長く，外方へ突出しない．前胸背板はやや盛り上がり，極めて強い点刻を密に具え，基部の凹陥は浅い．体長 2.1-2.6mm ……………………………………………………………… *M. brevicollis brevicollis* Aubé　カドコブデオネスイ
- 前頭側方に明らかな凹陥がある．側頭は複眼の半径より短く，鋭く外方へ突出する．前胸背板は粗大点刻を密布する．基部の 2 凹陥は明瞭．体長 1.9-2.5mm …… *M. picipes* Herbst　トビイロデオネスイ

Monotoma brevicollis brevicollis Aubé, 1873　カドコブデオネスイ

体長 2.1-2.6mm．前頭側方の凹陥は浅い．側頭は複眼の半径より長く，外方へ突出しない．触角第 9 節は広がらない．前胸背板は縦長でやや盛り上がり，側縁は微鋸歯状，前角は丸く，後角はコブ状．極めて強い点刻を密に具え，基部の凹陥は浅い．上翅は前胸より幅広く，側縁は肩部後方と中央後方で小さく弱く張りだし，粗大点刻を密に装う．脛節の中央が膨らむ．背面に体色と同色の毛を密布するが，目立たない．色彩はトビイロデオネスイなどと同様，黄褐色から黒色まで変化する．

前胸背板の極めて強い点刻が印象的な種である．久松(1979)は愛媛県面河渓産のものが，本種に類似すると述べている．Turkmenistan 産のものは別亜種 subsp. *lebedevi* Roubal, 1929 とされている．なおカタログには日本の分布が明記されていない．外来種であるが，多くはない．

分布： 本州，四国？；北アフリカ，ヨーロッパ，カザフスタン，トルコ，ウズベキスタン，北アメリカ

撮影標本データ： 静岡県島田市大草, 20. IX. 1982, 多比良嘉晃採集

Monotomidae　ネスイムシ科

Monotoma longicollis (Gyllenhal, 1827)　ホソムネデオネスイ

　カクホソカタムシ科の *Cerylon* 属で記載された．中根猛彦(1979)はホソトビイロデオネスイの名をつけている．体長 1.3-1.8mm と小型．黒褐色で，触角，肢は黄褐色．側頭は強く横に張りだす．前胸背板は縦長で，点刻を密に装う．前角はやや横に張りだし広く丸まる．上翅は前胸より幅広く，点刻を密に装うが，列状にはならない．頭胸，上翅ともに微細印刻を装う．わかりやすい種で，外来種とされている．
　分布：　本州，四国，九州；中国，ヨーロッパ，アフリカ，ニュージーランド，北アメリカ
　撮影標本データ：　神奈川県小田原市，4. VIII. 1990, 平野幸彦採集

Monotoma picipes Herbst, 1793　トビイロデオネスイ

　体長 1.9-2.5mm．最も普通の種で，色彩的には色の薄いものから黒くなったものまであり，変異の幅が大きい．頭は眼の後で強く歯状に突きだす．胸背はやや縦長で，最大幅は後方にあり，1 対の弱い縦溝を中央後半に具える．側縁は微鋸歯状．上翅は長卵形で短毛を列生する．灯火によく飛来する．汎世界に分布する外来種である．日本産昆虫総目録(1989)などでは記載年が 1893 となっているが，1793 が正しい．
　分布：　北海道，本州，四国，九州，西表島，伊豆諸島，対馬；朝鮮半島，中国，シベリア，台湾，ジャワ，中央アジア，ヨーロッパ，北アフリカ，ニュージーランド，北アメリカ，汎世界
　撮影標本データ：　神奈川県秦野市八沢，7. VIII. 1989, 平野幸彦採集

Monotomidae　ネスイムシ科

Monotoma quadrifoveolata Aubé, 1837　ヨツアナデオネスイ

　体長 1.8-2.3mm．黄褐色で，やや厚みがあり，背面は強く点刻される．複眼は小さく，側頭は複眼の直径よりはるかに長く，突出はしない．前胸背板はほぼ正方形で，最大幅は後角付近．中央部に4凹陥ないしそれが縦に融合した2縦溝がある．前角は丸まり，後角は角張る．上翅は前胸背板より幅広く，肩部後方で広がり，その後平行してゆるく狭まり，粗い点刻列を具える．日本では少ないらしく，福井県(佐々治・陶山,1990)，福岡県(高倉,1989)などで得られている．しかし，Lewis(1874)は前種とともに日本では「Common in all the islands」と述べているので，昔は多かったのかもしれない．外来種ハンドブックに外来種として登録されているので，害虫関係の書籍には報告があると思われる．汎世界に分布する．

　分布：　本州，九州；中央アジア，ヨーロッパ，北アフリカ，北アメリカ，チリー

　撮影標本データ：　久松定成コレクション(原色日本甲虫図鑑(Ⅲ)第27図版10に図示された標本で，採集データはない)

Monotoma spinicollis Aubé, 1873　トゲムネデオネスイ

　体長 2.0-2.6mm．褐色～黒褐色で，背面に太く短い毛を疎生する．前胸背板はやや縦長で，中央後半に最大幅がある．粗大点刻を密に装い，前角は顕著に突きだし，側縁は鋸歯状，後角は不鮮明．中央後半に1対の凹陥がある．上翅は前胸より幅広く長卵形で，粗大点刻を密に具えるが，列状とはならない．太短毛を列生する．久松定成(1979)は四国で積み藁の中から得られたと報告している．原産地はフランスのパリ近郊で，意外と少ない外来種である．

　分布：　本州，四国，九州；ヨーロッパ，アフリカ，太平洋諸島，ニュージーランド，北アメリカ

　撮影標本データ：　東京都大田区西嶺町，3.Ⅹ.1996，金子義紀採集

Monotoma testacea Motschulsky, 1845　ウスイロデオネスイ

　体長 1.8-2.2mm．赤褐色～黒褐色で，背面は太く短い毛を疎生する．複眼はやや小さく，側頭は複眼の直径とほぼ同長．触角第9節は広がらない．前胸背板は縦長で平たく，やや後方に広がるかほぼ平行，前角は丸くやや突きだし，後角は角張る，基部の2凹陥は明瞭だが，前半の2凹陥はやや不明瞭．上翅は前胸より幅広く，中央付近で最大幅，密に点刻され，黄白色の短毛を列生する．各地にかなり見られる．カタログには日本の分布は書いてない．外来種であろう．
　分布：　本州；ヨーロッパ，ニュージーランド
　撮影標本データ：　神奈川県相模原市，22. VI. 1990，滝沢春雄採集

Genus *Rhizophagoides* Nakane et Hisamatsu, 1963

　この属は *Rhizophagoides kojimai* を模式種として記載されたもので，今まで1種だけが報告されている．触角第9節は第10節より幅広くなくて，第8節より明らかに大きくて幅広いものは *Hesperobaenus* 属もあり，もう1種を *Rhizophagoides* 属に含めたのが正しいかは自信がない．Bousquet(2002)は *Europs* 属や *Hesperobaenus* 属は Taxnomic revision が必要と述べているので，本属を含めて分類学的再検討が望まれる．

　日本産 *Rhizophagoides* 属の種の検索表
1. 前頭の中央に縦の小さな隆起条がある．前胸背板は中央にやや幅のある縦長の無点刻部がある．体長 2.5mm　………………………………………… *Rhizophagoides* sp.　チャイロニセケブカネスイ (仮称)
- 前頭の中央には隆起条はない．前胸背板は一面に点刻される．体長 2.5～3.0mm　…………………… ………………………………………………………… *R. kojimai* Nakane et Hisamatsu　ニセケブカネスイ

Monotomidae ネスイムシ科

Rhizophagoides kojimai Nakane et Hisamatsu, 1963　ニセケブカネスイ

　新属新種として北海道釧路の 1♂で記載された．体長 2.5-3.0mm. *Europs* 属によく似ているが，触角第 9 節は次節と同じではない．暗褐色で，頭胸背は強い点刻を具え，上翅は淡色に暗褐色のぼやけた紋があり，粗点刻列に毛を列生する．原色日本甲虫図鑑(Ⅲ)の解説に「9 節はやや拡大し，次節の 1/3 幅」となっているが，記載の触角の図を見ると次節の幅でなく，長さであろう．幅は次節の 2/3(正確には 5/8)ではないか．図鑑が先に発行され，後から記載したものの一つである．各地にやや多く，神奈川県でもかなりの記録がある．
　分布：　北海道，本州，四国，九州
　撮影標本データ：　神奈川県山北町三国山，22. Ⅵ. 1993，平野幸彦採集

Rhizophagoides sp.　チャイロニセケブカネスイ（仮称）

　体長 2.5mm. 全体茶褐色で，頭，前胸背板，上翅に強い点刻を持つ．ニセケブカネスイと同様の長毛と短毛を装う．頭の幅は前胸背板より狭い．前頭の中央に縦の小隆起条がある．側頭は複眼の直径の約 1/3. 触角の形態は前種に酷似し，触角第 9 節は次節より小さく約 2/3 の幅で，前節より大きい．前胸背板は略四角形，中央が最大幅，中央にやや幅のある縦長の無点刻部がある．側縁の中央後方から基部にかけて小突起がある．上翅は前胸背板と同じ幅．長毛をともなう点刻列を装うが，地色と同じため目立たない．脛節は先端部に向け，やや広がる．かなり稀な種である．
　分布：　本州（三重県，島根県）
　撮影標本データ：　三重県上野市高山，9. Ⅴ. 1998，天春明吉採集

Shoguna Lewis, 1884　ホソネスイ属

　この属のものは東南アジア，ニューギニア，ニューブリテン島，マダガスカルに分布している．旧北区では日本産の1種のみ．

Shoguna rufotestacea Lewis, 1884　キイロホソネスイ

　本種の模式産地は奈良県春日神社で，コクヌスト科の新属新種として記載された．別名ショウグンネスイともいう．佐々治（旧姓神谷）寛之(1961)による全形図がある．
　体長　3.6-4.2mm．黄褐色～暗褐色で，極めて細長く，珍奇な形態をしており，頭楯は前縁が深くえぐれ，側頭は長い．触角は短く第9節が拡大して次節と球桿を作る．上翅端は切断状である．跗節は5節だが，第1節が微小なため一見4節に見える．南の方に多い種らしく，里山的な環境から得られるが，稀である．本州の記録は原産地の奈良県，三重県などで，少ない．
　分布：　本州，九州，伊豆諸島，トカラ列島，奄美大島，沖縄島
　撮影標本データ：　沖縄県恩納村県民の森，24. IV. 2003，平野幸彦採集

Family Laemophloeidae Ganglbauer, 1899　チビヒラタムシ科

チビヒラタムシ科 Laemophloeidae は従来，ヒラタムシ科 Cucujidae の亜科とされてきたが，Thomas (1984, 1993)，Lawrence and Newton (1995)などの最近の流れでは科として扱われている．最近，旧北区のカタログ Catalogue of Palaearctic Coleoptera 4 巻(2007)が出版されたが，Laemophloeidae は Wegrzynowicz(2007)が担当しており，従来のミジンキスイムシ科 Propalticidae がチビヒラタムシ科の亜科 Propalticinae となっている．

　原色昆虫大図鑑 II（甲虫篇）(1963)ではヒラタムシ科 Cucujidae を黒沢良彦が担当し，チビヒラタムシはすべて Laemophloeus 属として扱っている．その後，原色日本甲虫図鑑 II (1985)では佐々治寛之が担当し，日本産のチビヒラタムシ類を 9 属に分けている．同時にヒラタムシ科の属の検索表を記述している．また，日本産昆虫総目録(1989)（以下総目録と呼ぶ）では日本産のチビヒラタムシ亜科を 9 属 18 種報告している．その後，中根猛彦(1991)は小笠原諸島から 1 種を記載し，また田中和夫(1982)は外来種であるハウカクムネチビヒラタムシ Cryptolestes pusilloides (Steel et Howe, 1952)をハネナガチビヒラタムシの名で静岡県から報告している．したがって，現在，日本ではミジンキスイを含めて 24 種が生息することになっているが，多くの同定できないものがある．

Subfamily **Laemophloeinae** Ganglbauer, 1899　チビヒラタムシ亜科

　本亜科のものは♂と♀では形態が著しく異なるものも多く，同定はかなりやっかいである．特に♀はわかりにくい．従来，すべてのものを Laemophloeus 属としていたが，その後いくつかの属が作られている．しかし，いまだに属がはっきりしないものが多く，Thomas, M. C., (2005)も暫定的なものとしているが，?Laemophloeus と？つきのものがかなり存在する．実際に調べてみても極めてわかりにくいのが実態である．ここでは基本的には Wegrzynowicz(2007)にしたがうこととする．微少な甲虫であるが，世界的にみると頭部や触角が変わっているものもあって，形態的には面白い．

　日本の本亜科の研究は 1874 年 Reitter による Laemophloeus dercoides, L. laevior, L. fuscicornis, L. immundus, Microbrontes laemophloeoides などを Japonia から記載したのが最初と思われる．次いで Reitter(1889)は日本のものをまとめ Laemophloeus として 15 種記録し，その中で L. nigroornatus, L. submonilis, L. cribratus, L. fenestratus, L. lewisi などを記載している．その後は特になく，日本産ではないが，Grouvelle(1913)が台湾のものをまとめている．原色日本昆虫図鑑(1955)にはキボシチビヒラタムシ L. submonilis が図示されたが，我々がチビヒラタムシを知るようになったのは原色昆虫大図鑑 II (甲虫篇)(1963)からである．また久松定成(1958)，久松定成・酒井雅博(1970)が「日本産微小甲虫図説」でクロモンチビヒラタムシ，カギヒゲチビヒラタムシを図示している．1983 年から佐々治寛之博士の論文が出て，新種がいくつか登場した．中根猛彦(1991)も小笠原諸島産のものを記載した．日本産について大沢・佐々治(1978)は広義のヒラタムシ科として既知種 15 種(当時)の倍以上の種がいるとしている．2007 年になり，新訂原色昆虫大図鑑 II が出版され，内容がかなり改訂された．チビヒラタムシ科は酒井雅博博士が担当されたが，旧版と同じ 7 種が図示され，学名が変わった程度である．台湾からは Sauter が採集した Laemophloeus admotus Grouvelle, 1913 や Laemophloeus formosianus Grouvelle, 1913 という種が記載されている．以上が日本産の現状である．

日本産 Laemophloeinae 亜科の属の検索表
1. 頭楯は横溝によって前頭から分けられる ・・・ 2
- 頭楯は横溝によって前頭から分けられない．頭楯会合線は見えることも見えないこともある ・・・・・・
・・ 3
2. 腹部第 1 節の基節間突起の前縁は直線状．前胸背板の側縁は単純．通常，腹部先端は背面から見えるものが多い ・・ *Placonotus*
- 腹部第 1 節の基節間突起の前縁は前方に突出する．前胸背板の側縁に数個の歯がある．腹部先端は

Laemophloeidae　チビヒラタムシ科

　　背面から見えない ……………………………………………………………………… *Laemophloeus*
3.　頭楯の前縁は3～5個のえぐれを持つ ……………………………………………………… 4
-　頭楯の前縁は直線状か小さな1, 2個のえぐれを持つ ……………………………………… 5
4.　頭部側線は完全 ……………………………………………………………………… *Notolaemus*
-　頭部側線は不完全か全くない ……………………………………………………… *Nipponophloeus*
5.　前胸背板に完全な1対の側線とその外側に短い側線がある．♂の触角第1節は大きく，内側がえぐれて鉤状となる ……………………………………………………………………… *Microbrontes*
-　前胸背板に1対の側線がある．触角第1節は通常変形しない ……………………………… 6
6.　体型は細長く，やや筒型．腹部第1節基節間突起は狭く，前方に強く突出する …… *Leptophloeus*
-　体型は扁平．腹部第1節基節間突起は幅広く直線状かゆるやかな弧状 ………………… 7
7.　頭楯の前縁はほぼ直線状で，触角基部より前方にほとんど張りださない．触角先端3節は太く，球桿を形成する ……………………………………………………………………… *Xylolestes*
-　頭楯の前縁は中央で前方に富士山状～双子山状に張りだす．触角は球桿を作らない ………… 8
8.　背面は密に短毛で覆われる．前胸背板の前角，後角ともに角張る．各上翅は6～7の細い条刻を持つが隆起線はない ……………………………………………………………… *Pseudophloeus*
-　前胸背板の前角は角張らない．上翅は4条の隆起線がある ……………………… *Cryptolestes*

Genus *Cryptolestes* Ganglbauer, 1899　カクムネチビヒラタムシ属

　43種と多く，全世界に広く分布する．この属のものは触角第1節が異形になるものが多いが，日本産では変形したものは見られない．日本産は6種認められるが，そのうち4種はコスモポリタンな種で，害虫とされている外来種である．この4種の同定は雄雌の違いもあり，かなり難しい．♂は一般に前胸背板が後方に細まり，触角は♀より長い．大あごの根元に突起があるものもある．今後，何種かの外来種が発見される可能性がある．なお，日本工営(1994)は小笠原諸島・母島から *Cryptolestes*？sp. を報告している．

　また，植物防疫所に問い合わせたところ，コスモポリタンなホソカクムネホソヒラタムシ *Cryptolestes capensis* (Waltl, 1834)が輸入植物検査の2001～2005年分の植物検疫統計では2003年計7件（ブラジル産ダイズ属（まめ類）3件，ブラジル・グアテマラ産コーヒーノキ属（雑品）3件，中国産ソバ属（こく類）1件），2004年アメリカ産トウモロコシ（こく類）21件あるという．しかし2001年，2002年および2005年は発見事例はない由．そのほか国内での報告はなく，まだ土着はしていないようである．したがって，検索表には含めない．そのほかウガンダカクムネホソヒラタムシ *Cryptolestes ugandae* Steel et Howe, 1955 も旧北区のカタログ(2007)や「植物防疫法の規制を受ける昆虫類など」で追加になっているが，国内での報告はないという．

　日本産 *Cryptolestes* 属の種の検索表
1.　背面には微毛が散在するが，目立たない．上翅は長く，幅の2.5倍の長さ．隆起線は明瞭．触角も長く，♂は上翅の中程に達する．2.2～2.3mm ……………………………………………………………… *Cryptolestes* sp.1　ヨシカクムネチビヒラタムシ（仮称）
-　背面には密に微毛が生えている ……………………………………………………………… 2
2.　上翅の第3間室に4列の刺毛列がある[*1] ……………………………………………… 3
-　上翅の第3間室に3列の刺毛列がある[*2] ……………………………………………… 4
3.　上翅の刺毛は長く，隣の刺毛の付け根を越えて伸びる．♂の触角は前胸背板と上翅の和とほぼ同長．♀は上翅と同長かやや短い．1.3-2.0mm ………… *C. pusillus* (Schönherr)　カクムネチビヒラタムシ

[*1]　両側2列は点刻列に接するので，その間に2列の刺毛がある
[*2]　両側2列は点刻列に接するので，その中央に1列の刺毛がある

- 　上翅の刺毛は短く，隣の刺毛の付け根に達しない．触角は上翅の長さより短い．♂は大あごに突起がある．1.7-2.3mm ……………………………… *C. ferrugineus* (Stephens) サビカクムネチビヒラタムシ
4. 頭楯の前縁はほぼ直線状．前胸背板は略方形で，♂は後方にやや狭まる．1.2-2.2mm ……………………………………………………………… *C. turcicus* (Grouvelle) トルコカクムネチビヒラタムシ
- 　頭楯の前縁は明らかに湾入する ……………………………………………………………… 5
5. 上翅は頭胸背（頭＋胸）より明らかに長く，体長の6割を占める．1.8-2.2mm ……………………………………………………… *C. pusilloides* (Steel et Howe) ハウカクムネチビヒラタムシ
- 　上翅は頭胸背とほぼ同長．頭楯の前縁は強くえぐれ，1対の角状になる．1.5-2.0mm ……………………………………………… *Cryptolestes* sp.2 オニカクムネチビヒラタムシ（仮称）

Cryptolestes capensis (Waltl, 1834)　ホソカクムネホソヒラタムシ

　Wegrzynowicz(2007)は日本から記録しているが，植物防疫所によればまだ土着はしていないという．よって検索表からは外してある．
　分布：　日本？；ヨーロッパ，ロシア，アジア，北アフリカ，北アメリカ

Cryptolestes ferrugineus (Stephens, 1831)　サビカクムネチビヒラタムシ

　この属の模式種である．体長 1.7-2.3mm．上翅の刺毛が短いのが特徴．原色日本昆虫大図鑑Ⅱ(黒沢良彦)の第94図版17にアカチビヒラタムシ *Laemophloeus ferrugineus* Stephens と図示されているものは最近の新訂原色日本昆虫大図鑑Ⅱ(2007)でもアカチビヒラタムシ *Cryptolestes ferrugineus* (Stephens)とされているが，別物と思われる．また，この学名に大沢・佐々治(1978)，佐々治・斉藤(1985)はアカチビヒラタムシの名を使用している．日本甲虫図鑑(Ⅲ)(佐々治寛之)第32図版20に図示したものも誤りではないかと思っている．外来種ハンドブックで外来種に指定されている．
　分布：　北海道，本州，四国，九州，沖縄；汎世界
　撮影標本データ：　栃木県出井大山, 6.Ⅶ.1996, 滝沢春雄採集

Laemophloeidae　チビヒラタムシ科

Cryptolestes pusilloides (Steel et Howe, 1952)　ハウカクムネチビヒラタムシ

　体長 1.8-2.2mm．♂の触角は前胸と上翅の和とほぼ同長．♀は上翅の長さと同長かやや短い．♂の触角の各節の長さは幅の約3倍，♀は1.5倍である．上翅が他種に比較してやや長いのが特徴である．田中和夫(1982)はハネナガチビヒラタムシの名で静岡県から報告している．最近，日本に定着したとされているが，かなり前から普通種であるともいわれている．外来種ハンドブックで外来種に指定されており，乾燥シイタケの害虫である．
　分布：　本州；中国，インド，ヨーロッパ，汎世界
　撮影標本データ：　京都府京都市，VIII. 1979，H. Takada 採集

Cryptolestes pusillus (Schönherr, 1817)　カクムネチビヒラタムシ

　体長 1.3-2.0mm．赤褐色～褐色．♂の触角は長く，前胸背板と上翅の和とほぼ同長．♀(写真)は上翅の長さと同長かやや短い．触角の第3節が最小，第11節が最長．前胸背板は方形でやや横長．外来種ハンドブックで外来種に指定されている．
　分布：　北海道，本州，四国，九州，沖縄；汎世界
　撮影標本データ：　♀, 神奈川県小田原市，7. VIII. 1983，平野幸彦採集

Cryptolestes turcicus (Grouvelle, 1876)　トルコカクムネチビヒラタムシ

　Laemophloeus 属で記載された．その標本はトルコからフランスに輸入された干プラムから発見されたものである．体長は1.2-2.2mm．頭楯の前縁はほぼ直線状で，前胸背板が略四角形なのが特徴．日本から記載された *Laemophloeus immundus* Reitter, 1874 はLefkovitch(1964)によって本種のシノニムとされた．外来種に指定されているが，かなり昔から生息していたことが伺える．
　分布：　北海道, 本州, 四国, 九州 ; 中国, 朝鮮半島, 汎世界
　撮影標本データ：　神奈川県相模原市津久井町中野, 27. IV. 1968, 平野幸彦採集

Cryptolestes sp. 1　ヨシカクムネチビヒラタムシ（仮称）

体長 2.2〜2.3mm．全体がこの属のものと同様に茶褐色だが，上翅が他種より長いので，一目瞭然である．背面には微細な点刻やわずかな微毛が散在するが，目立たない．頭部と前胸背板の幅はほぼ同じ．前胸背板は縦横ほぼ等しく，基部に向かって若干細まる．触角は長く，特に♂は上翅の中程に達する．上翅の側縁はほぼ平行で，幅の 2.5 倍の長さがあり，隆起線は極めて顕著で明瞭．♂の跗節式は 5-5-4，♀は 5-5-5．

枯れたヨシやススキなどに見られる．

分布： 本州，九州

撮影標本データ： ♂，長崎県諫早市高来町三部壱境川，11. VIII. 2007，多比良嘉晃採集；♀，長崎県諫早市湯江，23. V. 2006，今坂正一採集．

Cryptolestes sp. 2　オニカクムネチビヒラタムシ（仮称）

体長 1.5-2.0mm．背面に微毛がある．触角は体長の半分より長く，♂の跗節式は 5-5-4，頭楯の前縁は 1 対の角状の張りだしがあり，特異である．いずれも野外から採れている．すでにわかっている既知種である可能性も高い．写真は♂で，左の触角先端(第 11 節)が欠けている．

分布： 本州，小笠原諸島

撮影標本データ： ♂，神奈川県綾瀬市早川，31. VIII. 1996，平野幸彦採集

Genus *Laemophloeus* Dejean, 1836

Laemophloeus monilis (Fabricius)をタイプ種としたもので，世界で 24 種の記録がある．しかし，昔はほとんどの種を本属として記載しており，しかも，Thomas, M. C., (2005)は暫定的なものとしているが，?*Laemophloeus* と？マークつきのものがかなり存在するので，正確な種数はわからない．なお，台湾には *Laemophloeus formosianus* Grouvelle, 1914 と *Laemophloeus harmandi* Grouvelle, 1883 が記録されている．

この属の♂の跗節式は 5-5-4，♀は 5-5-5 である．

日本産 *Laemophloeus* 属の種の検索表
1. 体形はやや太短い．上翅は幅広く，中央よりやや前に黄褐色の楕円状の紋がある．♂の触角の第 8 節は前後の節とほぼ同じかやや短い．♀の触角の第 4 節〜第 7 節の長さは幅より明らかに長い．3.0-5.0mm ・・・・・・・・・・・・・・・・・・・・・・・・・・・・・ *L. submonilis* Reitter　キボシチビヒラタムシ
- 体形はやや細い．上翅もやや細く，肩部寄りに黄褐色の縁のぼやけた楕円状の紋がある．♂の触角の第 8 節は前後の節より明らかに短い．♀の触角の第 4 節〜第 7 節は数珠状で長さは幅よりわずかに長い．3.0-4.0mm ・・・・・・・・・・・・・・・・・・・・ *L. kraussi* Ganglbauer　ヒメキボシチビヒラタムシ（新称）

Laemophloeus kraussi Ganglbauer, 1897　ヒメキボシチビヒラタムシ（新称）

　体長 3.0-4.0mm．キボシチビヒラタムシによく似ていて，上翅は褐色〜黒褐色地に黄褐色の紋があるが，肩部寄りにあり，やや小さい．体型はより細いので区別できる．♂は大あごが大きく，触角は長く，第4節〜第7節の長さは幅の2倍以上．第4節〜第6節の長さは第7節より短い．第8節は前後の節より明らかに小さい．♀の触角の第4節〜第7節は数珠状で長さは幅よりわずかに長いか同長．♀の標本は P. Verner 氏の同定標本と比較した．
　分布：　北海道，本州（岩手県）；ヨーロッパ，ロシア
　撮影標本データ：　♂，北海道置戸町秋田，15. V. 1992，加藤敏行採集；♀，岩手県久慈市大月峠，10. VI. 2007，平野幸彦採集

Laemophloeus submonilis Reitter, 1889　キボシチビヒラタムシ

8月に Usui-toge und Nishimura で採集されたもので，記載された．図鑑などに図示されている顕著な種だが，あまり多くない種である．タイプ種の *L. monilis* であるスロバキア産の標本と比較したが，よく似ている．

体長 3.0-5.0mm．黒褐色で光沢があり，上翅の楕円紋，肢，触角は赤褐色～黄褐色．♂は大あごが大きく，触角は長く，第3節から末端まで幅の2倍以上の長さ．第4節～第7節は縦横ほぼ同長で，第3節より短く，第8節は前後の節とほぼ同じかやや短い．♀の触角の第4節～第7節の長さは幅より明らかに長い．前胸背板など♂♀で形が異なる．上翅に顕著な赤褐色紋が前種より後方にあるので，わかりやすい．

分布： 北海道，本州，四国，九州；シベリア

撮影標本データ： ♂，♀，熊本県相良村深水人吉，14. IX. 2008，青木淳一採集

Genus *Leptophloeus* Casey, 1916　ホソチビヒラタムシ属

Laemophloeus angustulus LeConte, 1866 をタイプに創設されたもので，全世界に広く分布し，27種が記録されている．旧北区のカタログでは16種がリストアップされている．日本では今のところ，7種が認められるが，このほかにもこの属と思われるものがあり，いくつかの追加があろう．Sasaji(1986) は日本産3種の検索表を作成している．なお，以下の種の中で，チビヒラタムシ亜科の属の検索表では本属にするには疑問がある種もあって，別属になりそうなものもある．いずれにせよ難解なグループで，今後の課題である．

日本産 *Leptophloeus* 属の種の検索表

1. 触角は長く，♂は体長の 5/7，♀は約半分．先端3節は球桿を作らない．2.6-3.6mm ……………………………………………………………… *L. abei* Sasaji　ヒゲナガホソチビヒラタムシ
- 触角は短く，体長の約半分かそれ以下 ……………………………………………………… 2
2. 前胸背板は中央に強い点刻を含む二つの溝がある．触角は第1節に溝があり，先端3節は球桿を作る．上翅は頭胸背の長さより短い．2.4-2.8mm …… *L. foveicollis* Sasaji　ムナクボホソチビヒラタムシ
- 前胸背板は中央に点刻列はなく，触角第1節は太まるが溝などはない ……………………… 3
3. 体型は細く筒状，触角先端3節が球桿を作り，第10節が丸くて最大．2.4-3.3mm ……………………………………………………………… *L. femoralis* Sasaji　ホソチビヒラタムシ
- 体型はやや平たい ……………………………………………………………………………… 4
4. 触角先端3節が球桿を作り，第9節と第10節はほぼ同型で，第11節の先端は丸く突きだす．細長く，上翅は頭胸背より長い．2.0-2.2mm … *Leptophloeus* sp. 1　チャイロホソチビヒラタムシ（仮称）
- 触角先端3節はやや太まるが，球桿は作らない ……………………………………………… 5
5. 複眼の張りだしは弱く，突出しない．2.0mm ……………………………………………………………… *Leptophloeus* sp. 2　メボソホソチビヒラタムシ（仮称）
- 複眼の張りだしは強く突出する ……………………………………………………………… 6
6. 頭楯の前縁はほぼ直線状．体背面に微毛がある．2.0-2.5mm ……………………………………………………… *L. convexiusculus* (Grouvelle)　グルーベルホソチビヒラタムシ
- 頭楯の前縁は略M字状で，中央が浅く半円形にえぐれ左右は尖る．上翅末端などに微毛があるが，目立たない．2.0-2.5mm ………………… *Leptophloeus* sp. 3　イリオモテホソチビヒラタムシ（仮称）

Leptophloeus abei Sasaji, 1986　ヒゲナガホソチビヒラタムシ

　青森県奥入瀬のものがホロタイプで，新潟県産のものもパラタイプに指定されている．体長 2.6-3.6mm．頭胸は黒色，上翅は黒褐色〜赤褐色．触角，肢などは淡褐色．その名が示すとおり触角が長いのが特徴，球桿は作らない．北海道にも分布する．
　分布：　北海道，本州
　撮影標本データ：　北海道遠軽町旧白滝，4. VII. 2007, 平野幸彦採集

Leptophloeus convexiusculus (Grouvelle, 1877)　グルーベルホソチビヒラタムシ

♂　　　　　　　　　　　　♀

Reitterのコレクションから*Laemophloeus*属でJapanの産地として記載された．小さな全体図が描かれており，♂と思われる．図鑑などではウスグロチビヒラタムシ*Pseudolaemus convexiusculus* (Grouvelle)とされているが，*Pseudolaemus*属という属はなく，和名を*Pseudophloeus fuscicornis* (Reitter)に使用したので本種の和名はないということになる．

Thomas(2005)のチェックリストによれば*Leptophloeus*属に含まれているが，佐々治寛之(1983)，佐々治・斉藤(1985)は*Cryptolestes*属とした．また多比良嘉晃(2005)は*Magnoleptus*属としている．*Magnoleptus*属はLefkovitchが創設し，アフリカから2種が知られているが，本属との区別はLefkovitch(1962)の検索表では大きさなどが違うが，定かでない．このように，本種の属は学者によって種々の意見があるようである．ここではThomas(2005)およびWegrzynowicz(2007)にしたがうことにする．

日本でも本種は相当混乱していたようである．原色日本昆虫大図鑑Ⅱ（黒沢良彦）では第94図版17にアカチビヒラタムシ*Laemophloeus ferrugineus* Stephensとして図示しているもの，原色日本甲虫図鑑(Ⅲ)（佐々治寛之）第32図版20でサビカクムネチビヒラタムシ*Cryptolestes ferrugineus* (Stephens)として図示されたもの，更に新訂原色日本昆虫大図鑑Ⅱ（酒井雅博）でアカチビヒラタムシ*Cryptolestes ferrugineus* (Stephens)として図示されたものは本種と思われる．したがって，図鑑で同定した人は本種をサビカクムネチビヒラタムシとしたものも多いはずである．

結論として原色日本昆虫大図鑑Ⅱ（黒沢良彦）に図示したアカチビヒラタムシの和名を採用しようと思ったが，特に赤いわけではなく，混乱を避けるためには新しい名称をつけることが好ましいと判断した．

体長 2.0-2.5mm．体型は細長く略平行，やや厚みがあり，茶〜黄褐色．上翅は頭胸より長い．♂は頭部が大きく，前胸背板も幅広く，台形．♀では頭部がより小さく，体型が異なる．触角はやや数珠状で，先端3節はやや大きい．頭胸背は強い点刻があり，眼の突出は強く，斜め前に張りだす．前胸背板は縦長で，後方にゆるやかに狭まる．♂は前縁が幅広く，狭まりが強い．前胸背板の側線の外側にも隆起条がある．上翅は6〜7条の条線が認められる．一見，*Cryptolestes*属のものに似ているが，厚みがあるので区別できる．

分布： 北海道，本州，四国，九州
撮影標本データ： ♂，♀，神奈川県横須賀市大楠山，10. X. 1995，平野幸彦採集

Leptophloeus femoralis Sasaji, 1983　ホソチビヒラタムシ

福岡県犬鳴山が基準産地で，熊本県，福井県産のものもパラタイプになっている．

体長 2.4-3.3mm．細長く筒型．頭胸背は黒く，上翅は褐色．触角の先端3節は球桿となり，第10節が丸くて最大である．かなり顕著な種で同定は容易である．原色日本甲虫図鑑(Ⅲ)に図示されている．

分布： 本州，九州
撮影標本データ： 神奈川県小田原市，14. VII. 1984，平野幸彦採集

Leptophloeus foveicollis Sasaji, 1986　ムナクボホソチビヒラタムシ

　広島県広島市を基準産地として記載されたもので，福井県，青森県のものがパラタイプになっている．ホロタイプになったものは大沢・佐々治(1978)が *Leptophloeus* sp. として記録したものと同じである．
　体長 2.4-2.8mm. 体形は細長く，やや筒型．前胸背板は中央に強い点刻を含む二つの溝があり，触角第1節に溝があるのが特徴．触角の先端3節は球桿状．
　分布：　北海道，本州，四国，九州
　撮影標本データ：　埼玉県所沢市，山上明採集

Leptophloeus sp. 1　チャイロホソチビヒラタムシ（仮称）

　体長 2.0-2.2mm. 全体茶褐色で，細長くてやや平たい．触角は短く，第2節～第8節はほぼ数珠状，先端3節はやや丸くて球桿を作る．第9節第10節はほぼ同型で最大，第11節は先端が丸く突きでる．頭胸には密に点刻を具え，前胸背板は縦長で台形状，側縁に平行して明瞭な側線がある．上翅は頭部と前胸背板を加えたものより長く，両側は平行し，明瞭な条線がある．微毛があるが，目立たない．一見，グルーベルホソチビヒラタムシの♀を引き延ばした感じの種だが，厚みはそれほどない．今のところ的場績氏が採集した和歌山県産の 3exs. と酒井香氏が採集した八王子市産のものしか見ていない．別属の可能性もある．
　分布：本州（東京都，和歌山県）
　撮影標本データ：和歌山県日置川町市江，2. X. 1999, 的場績採集

Laemophloeidae　チビヒラタムシ科

Leptophloeus sp. 2　メボソホソチビヒラタムシ（仮称）

　体長は 2.0mm．体形は細長くやや筒状，茶褐色で全体に微毛が生えている．上翅は体長の約半分．頭部はやや大きく，前胸とほぼ同長，触角は短く数珠状で，先端 3 節がやや大きい．前楯の前縁は直線状．前胸背板は縦長で，側縁は後方に直線状に細まる．頭胸背は弱い点刻があり，上翅は点刻や細い条線があるが目立たない．眼の突出は弱く，張りださない．1 頭しか得られなかったので，変異の幅がわからない．
　分布：　西表島
　撮影標本データ：　沖縄県西表島上原, 1. V. 1981, 平野幸彦採集

Leptophloeus sp. 3　イリオモテホソチビヒラタムシ（仮称）

　体長　2.0-2.5mm．一見，*Leptophloeus convexiusculus* (Grouvelle)に似ているが，頭楯の前縁は略 M 字状で，中央が浅い半円状にえぐれ左右は尖るので，区別は容易．上翅末端などに微毛があるが，目立たない．西表島ではかなり見られる．
　分布：　西表島
　撮影標本データ：　沖縄県西表島大富, 31. I. 2001, 平野幸彦採集

Laemophloeidae　チビヒラタムシ科

Genus *Microbrontes* Reitter, 1874

　この属のものは日本，ニュージーランド，オーストラリアに1種ずつ分布する．

Microbrontes laemophloeoides Reitter, 1874　カギヒゲチビヒラタムシ

　本属のタイプ種で，長崎が基準産地である．久松・酒井(1970)は「あげは」に全形図を描いている．
　体長 1.6-2.0mm．黒褐色〜褐色で，口器と肢は淡色で，上翅基部や末端部はやや赤褐色．扁平で微細構造を呈しているので，艶はない．♂の触角は長く，第1節は角張ってえぐれるが，♀の触角は短く，第1節にえぐれはない．前胸背板は♂♀で大きな差異はなく，側縁は平行に近く基部近くでやや屈曲し，2対の隆線がある．上翅は明瞭な隆線がある．従来，本州では記録のなかった稀種で，今のところ三浦半島だけの記録だが，静岡県でも採れている．♂は少ないように思われる．
　分布：　本州，九州，トカラ列島，徳之島，沖縄島，石垣島
　撮影標本データ：　♂，神奈川県横須賀市砲台山，31. V. 1998，露木繁雄採集；♀，沖縄県南城市垣花城址，13. V. 2008，田中勇採集

Genus *Nipponophloeus* Sasaji, 1983

　佐々治寛之博士が創設した属で，オオキバチビヒラタムシがタイプ種である．頭部側線は♂では全くないと定義されているが，やや小型の個体では側線がある．跗節式は♂が5-5-4，♀は5-5-5である．アジアに2種分布している．なお，苅部他(2004)は *Nipponophloeus* sp.を北硫黄島から報告している．
　日本産 *Nipponophloeus* 属の種の検索表
1. 全体につやがあり，斑紋はない．2.5-4.0mm ……………………………………………………
……………………………………………… *N. dorcoides* (Reitter)　オオキバチビヒラタムシ
- 全体につやがなく，暗褐色の紋がある．2.8-3.2mm …………………………………………
………………………………………………… *N. boninensis* Nakane　ツヤケシチビヒラタムシ

Nipponophloeus boninensis Nakane, 1991　ツヤケシチビヒラタムシ

　体長 2.8-3.2mm．中根猛彦(1991)が小笠原諸島の母島から記載したもので，全体図が示されている．その名のとおり艶消し状で，黄褐色〜淡褐色．頭部，前胸背板中央，上翅などに暗褐色の紋がある顕著な種である．中根(1970)が *Laemophloeus* sp. として小笠原諸島から報告したものは本種と思われる．小笠原諸島特産で，それほど多くはない．
　分布：　小笠原諸島（母島，父島）
　撮影標本データ：　東京都小笠原諸島母島北村，10. VII. 1995，杉本可能採集

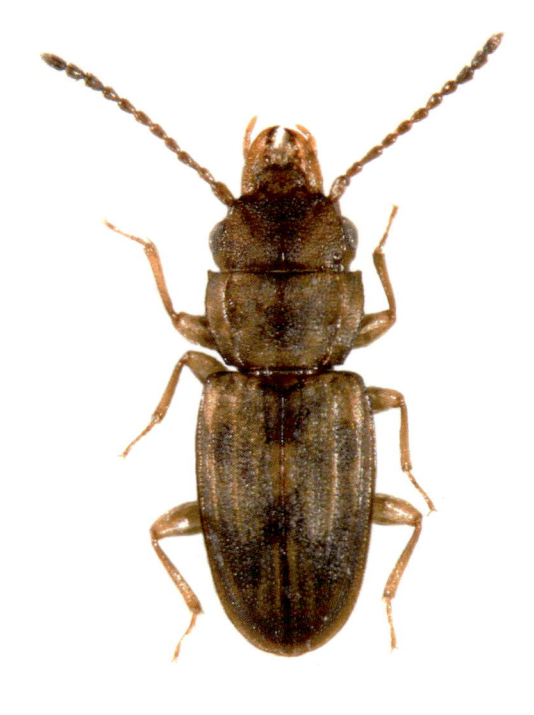

Nipponophloeus dorcoides (Reitter, 1874)　オオキバチビヒラタムシ

♂　　　　　　　　　♀

体長 2.5-4.0mm．長崎が原産地．茶褐色〜黄褐色で，本土のものは一様に茶褐色だが，奄美大島以南の個体（写真右）は淡色となり，小楯板の周りと会合線付近が黒くなる傾向がある．触角末端節の長さは幅の約 2.5 倍．頭部側線がないのが特徴となっているが，前述したようにやや小さい個体は明らかに頭部側線がある．♂は頭部が大きく，大あごが発達するが，♀は他種とよく似ていてわかりにくい．*Xylolestus* 属や *Placonotus* 属のものとは，触角第 9 節〜11 節はやや大きくなるが，球桿を作らないことと，触角末端節の長さが幅の 2.5 倍と長いので区別できる．Grouvelle(1908)はインド産の *Laemophloeus* 属の検索表を記述し，本種の全形図を図示している．各地の枯木の樹皮下などに多く見られる．

分布： 北海道，本州，四国，九州，対馬，屋久島，奄美大島，徳之島，沖縄，石垣島，西表島，与那国島；シベリア，東インド

撮影標本データ： ♂，神奈川県相模原市藤野町，14. VII. 1985，平野幸彦採集；♀，沖縄県石垣島久宇良岳，21. IV. 2007，平野幸彦採集

Genus *Notolaemus* Lefkovitch, 1959

Cucujus unifasciatus Latreille を模式種として設立されたもので，♂の附節式は 5-5-4，♀は 5-5-5 である．ヨーロッパ，アフリカ，アジアを中心に 14 種の記録がある．日本では 7 種が認められるが，3 種は種小名が確定していない．日本工営(1994)は小笠原諸島・母島から *Notolaemus* sp.を報告している．

日本産 *Notolaemus* 属の種の検索表
1. 頭胸背，上翅には微毛が生えている ……………………………………………………… 2
- 頭胸背，上翅は微毛がない ……………………………………………………………… 3
2. 前胸背板の側線は中央後半付近で二叉に別れる．1.8-2.5mm …………………………
……………………………… *N. ussuriensis* Iablokoff-Khnzorian　ウスリーチビヒラタムシ
- 前胸背板の側線は後縁手前で二叉に別れる．2.3mm ……………………………………
……………………………………………… *Notolaemus* sp. 1　クロケブカチビヒラタムシ（仮称）
3. 頭胸背は黒褐色〜黒色で，上翅より常に濃色 …………………………………………… 4
- 頭胸背は上翅と同色，2 色の時も同じパターン ………………………………………… 5
4. 触角は体長の半分より短く，先端 3 節は球桿を作る．2.0-3.3mm ……………………
………………………………………… *N. cribratus* (Reitter)　モンチビヒラタムシ
- 触角は体長の半分より長く，球桿を作らない．1.8-2.2mm ……………………………
………………………………………… *Notolaemus* sp. 2　ウスモンクロチビヒラタムシ（仮称）
5. 頭胸背，上翅に黒紋がある．29-3.5mm …………………………………………………
………………………………………… *N. nigroornatus* (Reitter)　クロホシチビヒラタムシ
- 背面は黄褐色で，頭胸背，上翅に黒紋はない …………………………………………… 6
6. 前胸背板は厚みがあり，強く点刻され，側線は強く隆起し明瞭で，波曲して後縁に達する．2.2-3.8mm
………………………………………… *N. lewisi* (Reitter)　ルイスチビヒラタムシ
- 前胸背板は厚みがなく，弱く点刻され，側線は弱く細く，ほぼ直線状に後縁に達する．2.2-2.5mm
………………………………………… *Notolaemus* sp. 3　オキナワチビヒラタムシ（仮称）

Notolaemus cribratus (Reitter, 1889)　モンチビヒラタムシ

　Thomas(2005)も佐々治寛之(1983)も本属に含めているが，Iablokoff-Khnzorian(1977)は *Placonotus* 属に含めている．ここでは Wegrzynowicz(2007) のカタログにしたがう．
　体長 2.0-3.3mm．頭胸背は黒色で，上翅に黄褐色の斑紋があるが，かなり変異がある．顕著な種なので，同定は容易．箱根の宮ノ下，木賀と日光の標本で記載されたもので，各地に見られる．
　分布： 北海道，本州，九州，八丈島，対馬；シベリア
　撮影標本データ： 北海道千歳市美々，28. V. 2005，岡田圭司採集

Notolaemus lewisi (Reitter, 1889)　ルイスチビヒラタムシ

　Reitter は Lewis の標本を使用し，*Laemophloeus* 属で人吉から記載されたが，Hisamatsu(1965) は本属に移している．
　体長 2.2-3.8mm．黄褐色で，平たい．前胸背板は厚みがあり，強く点刻され，側線は強く隆起し明瞭で，波曲して後縁に達する．枯木の樹皮下に多く見られる．
　分布： 本州，八丈島，九州，種子島；台湾
　撮影標本データ： 神奈川県大磯町高麗山，16. V. 2007，平野幸彦採集．

Laemophloeidae　チビヒラタムシ科

Notolaemus nigroornatus (Reitter, 1889)　クロホシチビヒラタムシ

　佐々治寛之(1983)は本属に含めているが，Thomas(2005)は?*Laemophloeus* 属とし，Iablokoff-Khnzorian(1977)は *Placonotus* 属に含めている．久松定成(1958)はクロモンチビヒラタムシの和名で図示，解説している．

　体長 2.9-3.5mm．扁平で光沢が強く，黄褐色地に顕著な黒紋のある綺麗な種で，斑紋の変異は少なく同定は容易である．頭部は前胸背板より小さく，頭楯の前縁はえぐられる．触角は先端 3 節がやや太くなり，細い球桿部を作る．前胸背板は横長で，側縁はやや丸味を帯びる．上翅は長卵形で，3 対の縦隆線がある．基準産地は宮ノ下，箱根である．山地のブナなどの樹皮下に見られるが，少ない．

　分布：　本州，四国，九州
　撮影標本データ：　神奈川県丹沢堂平，12. IX. 1995，平野幸彦採集

Notolaemus ussuriensis Iablokoff-Khnzorian, 1977　ウスリーチビヒラタムシ

　1977 年にウスリーから記載された．体長 1.8-2.7mm．茶褐色〜淡褐色で，平たい．背面全体に黄褐色〜黄白色の微毛が生えている．頭楯前縁に 3〜5 個の顕著なえぐれがある．前胸背板は横長で，前角，後角ともに鋭く突出し，側線は中央後半付近で二叉に別れる．♂は頭部が大きく，♀はやや小さい．原記載では大きさが 3.0-3.2mm と大きいのが若干気になる．佐々治・井上(2005)は福井県小浜市久須夜ヶ岳から日本新記録として初めて報告し，詳細な記述と全形図を描いている．また，福井虫報 No. 37 の表紙を飾っている．なお，平野(2007)が *Notolaemus* sp. 2 として報告したものは本種であった．

　各地に見られ，稀な種ではない．
　分布：　本州，四国，九州，伊豆新島，対馬；ウスリー
　撮影標本データ：　♂，熊本県相良村深水人吉，14. IX. 2008，青木淳一採集

Notolaemus sp. 1　クロケブカチビヒラタムシ（仮称）

　体長約 2.3mm．黒褐色の平たい種で，全体に毛が生えている．前胸背板は横長で側縁はゆるやかな弧状，側線は後縁手前で二叉に別れる．上翅は前胸背板より幅広く，長さは他種にくらべてやや短い．かなり少ない種である．
　分布：　本州
　撮影標本データ：　山梨県笹子峠，16. V. 1973，石田正明採集

Notolaemus sp. 2　ウスモンクロチビヒラタムシ（仮称）

　体長 1.8-2.2mm で小型．扁平で，つやがあり，頭部，胸部は黒褐色～黒色．上翅は黄褐色の地の中央前に帯状の黒褐色の紋と小楯板の後方から縦につながる黒褐色の紋があり，末端も黒褐色の帯がある．黒褐色の紋は顕著なものもあるが，薄くなったものもあって変異幅が大きい．既知種かもしれない．なお，外国には同じような斑紋のでる種がある．
　分布：　奄美大島，沖縄島，西表島，小笠原諸島；インドネシア
　撮影標本データ：　沖縄県西表島船浦，20. IV. 2007，平野幸彦採集

Laemophloeidae　チビヒラタムシ科

Notolaemus sp. 3　オキナワチビヒラタムシ（仮称）

体長　2.2-2.5mm．全体に光沢が強く黄褐色で平たい．一見ルイスチビヒラタムシに似ているが，厚みがなく，点刻，前胸背板の側線が弱いなどで区別できる．♂は頭部が大きく，前胸背板は前部が長い台形，触角は長い．♀は頭部がやや小さく，前胸背板は横長で，ほぼ方形．

分布：　沖縄島，来間島，石垣島，西表島，北大東島，与那国島

撮影標本データ：　♂，沖縄県北大東島西港南方，26. V. 2008，青木淳一採集；♀，沖縄県西表島船浦，20. IV. 2007，平野幸彦採集

Genus *Placonotus* Macleay, 1871

本属は50種以上と多く，全世界に広く分布する．頭楯は横溝によって前頭から分けられることになっているが，ややあいまいな種もあって，その所属が学者により意見が異なることがある．従来，*Xylolestes* 属とされていたキイロチビヒラタムシとヒレルチビヒラタムシが旧北区のカタログでは *Placonotus* 属となって，日本産は5種生息することになった．なお，台湾には *P. admotus* (Grouvelle) と *P. subtestaceus* (Grouvelle)の記録がある．

日本産 *Placonotus* 属の種の検索表
1. 背面に微毛がある．触角は長い ……………………………………………………………… 2
- 背面に微毛がない．触角は短い ……………………………………………………………… 3
2. 背面腹面は一様に赤褐色．背面の刺毛はやや長く，隣の刺毛の根元にとどく．前胸背板はやや縦長の方形で，前角は鋭く突出する．♂の触角は体長の半分より長く，第2節が最小で，第3節から先端まで幅の2.5倍以上の長さがある．♀は触角が体長の半分より短い．1.7-2.5mm ……………………………………………………………… *P. testaceus* (Fabricius)　カドムネチビヒラタムシ

Laemophloeidae　チビヒラタムシ科

- やゃやくすんだ黄褐色で，小楯板とその周りは黒褐色．腹部は褐色～黒褐色．背面の刺毛は短く，隣の刺毛の根元にとどかない．前胸背板はやや縦長の方形で，前角は角張るが，鋭く突出しない．♂の触角は体長の半分より長く，第4節からは幅の2.5倍以上の長さがある．♀は体長の半分より短く，第3節～8節はやや数珠状で先端3節はやや大きい．1.7-1.9mm ………………………………………………………… *Placonotus* sp. 1　ハラグロカドムネチビヒラタムシ（仮称）
3. 背面は小点刻の他にやや皮革状の微細印刻がある．♂の触角は第1節が太く，その幅は眼の長径より長い．1.8-2.2mm …………………………… *Placonotus* sp. 2　ヒゲブトチビヒラタムシ（仮称）
- 背面は点刻はあるが皮革状の微細印刻はない．触角の第1節は特に太くない ………………… 4
4. 触角第3節は第2節と等長，末端節の長さは幅の約2倍．前胸背板は前後にほぼ同様に狭まり，前角は鋭く突出する．3.0-3.5mm …………………………… *P. hilleri* (Reitter)　ヒレルチビヒラタムシ
- 触角第3節は第2節より明らかに長く，末端節の長さは幅の約1.5倍．前胸背板は後方にゆるやかに狭まり，前角は鈍角．2.5-3.0mm …………………… *P. fenestratus* (Reitter)　キイロチビヒラタムシ

Placonotus fenestratus (Reitter, 1889)　キイロチビヒラタムシ

♂　　　　　　　　　　　　　♀

　体長 2.5-3.0mm．熊本県湯山と箱根宮ノ下の標本で記載された．全体黄褐色だが，かなり黒くなった個体（写真左）もある．触角の第3節は第2節より明らかに長く，末端節の長さは幅の約1.5倍．前胸背板は後方にゆるやかに狭まり，前角は鈍角．上翅は会合線に沿った条溝と側縁近くの2本の条溝があり，♂では顕著．♀はやや不明瞭．上翅の肩部には微小な棘があるものもあるが，♂ではないものが多い．総目録では *Xylolestes* 属に含めており，従来の図鑑などでも同様であるが，Thomas(2005)は?*Laemophloeus* とし，Iablokoff-Khnzorian(1977)は *Placonotus* 属に含めている．Wegrzynowicz(2007)の旧北区のカタログでは *Placonotus* 属となっているので，それにしたがった．薪や樹皮下に多く見られるが，普通種ではない．
　分布：　本州，八丈島，対馬；ロシア
　撮影標本データ：　♂，東京都八丈島三根，31. IV. 1971，平野幸彦採集；♀，神奈川県箱根町大涌谷，21. V. 2007，平野幸彦採集

Laemophloeidae　チビヒラタムシ科

Placonotus hilleri (Reitter, 1878)　ヒレルチビヒラタムシ

　体長 3.0-3.5mm で，茶褐色〜黄褐色で平たい．触角の第 3 節は第 2 節と等長，末端節の長さは幅の約 2 倍．前胸背板は前後にほぼ同様に狭まり，前角が鋭く突出するのが特徴である．従来，*Xylolestes* 属とされていたが，旧北区のカタログでは *Placonotus* 属となっている．朽木などの樹皮下に見られるが，あまり多くない種である．
　分布：　本州，伊豆大島，対馬；ロシア
　撮影標本データ：　神奈川県二宮町一色，8. X. 2006，平野幸彦採集

Placonotus testaceus (Fabricius, 1787)　カドムネチビヒラタムシ

　大沢・佐々治(1978)，佐々治・斉藤(1985) などは本種にカクムネチビヒラタムシの和名を使用しているので，別属の *Cryptolestes pusillus* (Schönherr,1817)と混同しないよう注意したい．初版の原色日本昆虫大図鑑 II (1963)ではカクムネチビヒラタムシの和名であったが，最近の新訂原色日本昆虫大図鑑 II (2007)では上記の和名，学名になっている．
　体長 1.7-2.5mm．細長く，平たい．赤褐色〜黄褐色で，光沢がある．前胸背板は方形で，前角が鋭く突出する．触角は長い．枯木の樹皮下などに見られ，各地に多い普通種である．
　分布：　北海道，本州，四国，九州，屋久島，徳之島，沖縄島，小笠原諸島；朝鮮半島，中国，ラオス，シベリア，ヨーロッパ，汎世界
　撮影標本データ：　神奈川県二宮町一色，8. X. 2006，平野幸彦採集

Placonotus sp. 1　ハラグロカドムネチビヒラタムシ（仮称）

　体長 1.7-1.9mm．ややくすんだ黄褐色で，小楯板とその周りは黒褐色．腹部は褐色〜黒褐色．一見，カドムネチビヒラタムシに似ているが，小さく，背面に刺毛があるが短く，隣の刺毛にとどかない．前胸背板の前角は角張るが，突出しない．♂の触角は体長の半分より長く，第4節からは幅の2.5倍以上の長さがある．♀は体長の半分より短く，第3節〜8節はやや数珠状で先端3節はやや大きい．

　原色日本昆虫大図鑑 II (1963)のスジチビヒラタムシ *Laemophloeus immundus* Reitter および新訂原色日本昆虫大図鑑 II (2007)にスジチビヒラタムシ *Placonotus* sp.として図示されているものは記述から判断して本種の♂と思われる．

　分布：　本州，四国，九州
　撮影標本データ：　香川県東かがわ市五名，12-14. X. 2006，岡田圭司採集

Placonotus sp. 2　ヒゲブトチビヒラタムシ（仮称）

♂　　　　　　　　　　　♀

Laemophloeidae　チビヒラタムシ科

体長 1.8-2.2mm．茶褐色で，背面に微毛がなく，小点刻の他にやや皮革状の微細印刻がある．前胸背板はやや横長の方形で前角は尖る．触角は短い．♂は頭部も大きく，第1節は太くて大きく，第2節と第3節を合わせた長さとほぼ同長．第4〜10節は幅より長くなく数珠状．♀は第1節は太くなく小さく，その幅は眼の長径より短い．第4〜10節は横長で数珠状．かなり特徴のある種で，日本各地で得られているが，多い種ではない．なお，平野(2007)がニセカドムネチビヒラタムシ(仮称) *Placonotus* sp. 3 として報告したものはその後の調べで，本種の♀と判明した．なお，本種はとりあえず *Placonotus* 属に含めたが別属の可能性もある．

分布：　本州，奄美大島，徳之島，石垣島，西表島

撮影標本データ：　♂, 沖縄県石垣島米原，18. III. 1995，平野幸彦採集；♀, 鹿児島県奄美大島金作原，7-12. V. 2006，渡辺崇採集

Genus *Pseudophloeus* Iablokoff-Khnzorian, 1977

Laemophloeus fuscicornis Reitter, 1874 を模式種として設立された．Iablokoff-Khnzorian(1977)は概略図を図示している．1種だけで，ロシア，日本から本種のみが知られている．なお，日本工営(1994)は小笠原諸島・母島から *Pseudolaemus* sp. を報告しているが，本属のものと思われる．

Pseudophloeus fuscicornis (Reitter, 1874)　ウスグロチビヒラタムシ

この種は相当混乱しており，原色日本昆虫大図鑑II（黒沢良彦）では第94図版18にウスグロチビヒラタムシ *Laemophloeus fuscicornis* Reitter として図示（学名，写真ともにには正しい）した．その後，北隆館(1978)から訂正表が出て，学名を *Cryptolestes convexiusculus* (Grouvelle)と訂正している．そして，原色日本甲虫図鑑(III)（佐々治寛之）では図示されていないが，文中にアカヒゲチビヒラタムシ *Pseudolaemus fuscicornis* (Reitter)の名前で記述している．同時にウスグロチビヒラタムシ *Pseudolaemus convexiusculus* (Grouvelle)としての解説もある．新訂原色日本昆虫大図鑑II(2007)もウスグロチビヒラタムシ *Pseudolaemus convexiusculus* (Grouvelle)としている．しかし，佐々治・斉藤(1985)は和名をつけずに *Pseudophloeus fuscicornis* (Reitter)を福井県から報告している．*Pseudophloeus* の属名が日本で使われたのはこれが最初であろう．

繰り返すが，原色日本昆虫大図鑑Ⅱ（黒沢良彦）の第94図版18は本種と思われ，和名はウスグロチビヒラタムシとし，学名は *Pseudophloeus fuscicornis* (Reitter, 1874)の組み合わせを採用したい．日本の図鑑や総目録ではアカヒゲチビヒラタムシとウスグロチビヒラタムシを何故か *Pseudolaemus* 属にしているが，このような属名はなく，*Pseudophloeus* 属とするのが正しい．

本属は1種だけなので，同定は属の検索表で容易であるが，色彩は黒褐色～黄褐色まで変異がある．体長は 2.0-3.0mm．Lewis が長崎で得た標本で記載された．♂の前胸背板の前縁幅は後縁幅より大きく，側縁は後方に狭まるが，♀は略四角で側縁は平行である．上翅は前胸より幅広く，略長卵形である．黄褐色の大あごがよく目立つ種である．Thomas (2003)では全形と頭胸背の拡大写真がある．なお，円海山域自然調査会(2000)の *Notolaemus* sp.（エンカイザンウスグロツヤケシチビヒラタムシ）としたものは本種である．また，日本工営(1994)が小笠原諸島・母島から *Pseudolaemus* sp.として報告したものも本種と思われる．

　分布： 本州，伊豆諸島，四国，九州，対馬，西表島，小笠原諸島；ロシア

　撮影標本データ： ♂，沖縄県西表島大富，31.Ⅵ.2001，平野幸彦採集；♀，熊本県相良村深水人吉，14.Ⅸ.2008，青木淳一採集

Genus *Xylolestes* Lefkovitch 1962

アジア，アフリカに数種分布している．Lefkovitch(1962)は *Laemophloeus unicolor* (Grouvelle)をタイプ種として設立，同時に *Xylophloeus* 属も作っているが，区別は難解である．佐々治寛之(1983)はこの属の特徴として頭楯の前縁はほぼ直線状，触角先端3節が球桿で，♂♀とも 5-5-5 であるとしている．従来，日本産は3種が報告されていたが，ヒレルチビヒラタムシとキイロチビヒラタムシが *Placonotus* 属に移ったので，セマルチビヒラタムシ1種となった．なお，旧北区のカタログでは *Xylolestes laevior* (Reitter, 1874) セマルチビヒラタムシと *X. ovalis* Grouvelle の2種がリストアップされている．

Xylolestes laevior (Reitter, 1874)　セマルチビヒラタムシ

Laemophloeidae　チビヒラタムシ科

　原色日本昆虫大図鑑II(黒沢良彦)では第94図版14にセマルチビヒラタムシ *Laemophloeus convexiusculus* Grouvelle の学名で図示された種と思われ，その後，正誤表(1978)で *Laemophloeus (Placonotus) laevior* Reitter に訂正している．最近の新訂原色日本昆虫大図鑑II(2007)では *Xylolestes laevior* (Reitter)になっている．大沢・佐々治(1978)はセマルチビヒラタムシ *Laemophloeus convexiusculus* Grouvelle として記録している．その後，佐々治寛之(1983)は本属とし上記の学名に変更している．しかし，Iablokoff-Khnzorian(1977)と Slipinski(1988)は *Placonotus* 属に含めている．ここではカタログにしたがう．

　体長 1.9-3.0mm．黄褐色～茶褐色で光沢があり，多少厚みがある．♂の頭部は♀より大きく，頭部はやや盛り上がり，頭頂はシワ状の点刻を装う．♀は頭部の点刻など弱いが，♂は顕著．前胸背板は横長で，前角は角張るが突出はしない．触角の第4節～第7節は幅よりやや長く，先端3節は多少太まる．長崎がタイプロカリティでの種である．樹皮下や薪などに見られ，各地に多い普通種である．

　分布：　本州，九州，屋久島，奄美大島，徳之島，西表島，小笠原諸島(母島)；台湾，インド，スリランカ

　撮影標本データ：　♂，鹿児島県徳之島天城岳，20. IV. 2008，平野幸彦採集；♀，神奈川県南足柄市21世紀の森，29. IV. 2008，平野幸彦採集

属不明種

　下記の種はチビヒラタムシであると思うが，属がわからない．検索表には含めなかったが，かなり特異な種で，上翅の末端部にえぐれがあることにより，日本産の他種から容易に区別できる．

Gen. et sp.　　エグリバチビヒラタムシ（仮称）

♂　　　　　　　　　　　　　　　♀

体長 2.5-3.0mm．全体は平たく，黄褐色～茶褐色．頭部は♂は大きく，♀はやや小さい．頭楯会合線は認められない．頭部は前胸背板の幅とほぼ同じ．それ故，前胸背板は♀ではほぼ方形だが，♂は前方にやや広がり台形状となる．側線は完全．触角は第8節～第10節は横長で，先端3節は大きくなりやや球桿状．上翅側縁はゆるやかな弧状を呈し，先端部で内側にほぼ直角に曲がり，その後は湾曲して会合部に達する．上翅先端部に顕著なえぐれがあるので，他種と容易に区別できる．

分布： 石垣島

撮影標本データ： ♂，♀，沖縄県石垣島吉原，4.III.2006，田中勇

Subfamily **Propalticinae** Crowson, 1952　ミジンキスイ亜科

Genus *Propalticus* Sharp, 1879　ミジンキスイ属

以前は Propalticidae ミジンキスイムシ科として独立していたが，Wegrzynowicz(2007)による旧北区のカタログではチビヒラタムシ科の亜科となっている．世界には *Discogenia* 属と *Propalticus* 属の2属が知られ，43種ほど記録されている．幅広のほぼ楕円形，平たい体形で，1～2mm の微小甲虫である．触角は10節または11節で先端3節が球桿を作る．前胸背板は大きく略半円形．上翅は縦隆線を具える．前脛節は中・後脛節より太く大きく，端に1本の大型の棘があるのが特徴である．後翅はよく発達している．跗節式は5-5-5．旧世界の温暖地域に広く分布しており，ミクロネシアには8種も記録(John, 1971)されている．日本産は *Propalticus* 属4種の記録があり，佐々治(1979)が詳しく解説しているが，もう1種いるようである．筆者はかなり前に黒い種を佐々治寛之博士に送ったが，残念ながら返事がなかった．標本は恐らく佐々治コレクションにあると思う．

日本産 *Propalticus* 属の種の検索表
1. 前胸背板には側縁に沿って2対の縦溝があるが，顕著な白色毛列はない．体長2.2mm …………………………………………………………………………… *P. japonicus* Nakane　ヤマトミジンキスイ
- 前胸背板には側縁に沿った縦溝はないが，顕著な白色毛列がある ……………………………… 2
2. 前胸背板の白色毛列は複雑．上翅の斑紋も複雑なまだら状．体長1.6mm ……………………………………………………………………… *P. morimotoi* Kamiya　マダラミジンキスイ
- 前胸背板には側縁に沿った白色毛列は3対で比較的単調．上翅斑紋は単純 ……………………… 3
3. 上翅は黒褐色の地に，中央前に1対の不明瞭な円形淡色紋がある．体長1.8-2.2mm ……………………………………………………………………… *P. kiuchii* Sasaji　キウチミジンキスイ
- 上翅の周縁部は広く黒色で，その内側は中央の黒色紋を囲み淡色．体長1.3-1.7mm ……………………………………………………………………… *P. ryukyuensis* Kamiya　ムネスジミジンキスイ

Laemophloeidae　チビヒラタムシ科

Propalticus japonicus Nakane, 1966　ヤマトミジンキスイ

　長野県木曽駒ノ湯から記載されたが，その後の記録は寡聞にして知らない．ハワイにいる *P. oculatus* に似ているという．前胸背板には側縁に沿って2対の縦溝があるのが特徴である．次種と同じように上翅中央前に淡色の1対の紋がある．タイプは北大にあって，インターネットで画像見ることができるが，次種によく似ている．
　分布：　本州

Propalticus kiuchii Sasaji, 1971　キウチミジンキスイ

　体長 1.8-2.2mm．愛媛県面河渓産をホロタイプ，徳島県産をパラタイプに記載された．タイプは九大にあって，ウェブサイトで佐々治コレクションの画像を見ることができる．この画像と原記載の全体図を見ると上記の写真と体形がやや異なり，細いのが気になる．かなり広く分布しているようで，筆者は福島県，神奈川県，静岡県から採集した 18exs. の標本がある．色彩的には茶褐色〜黒褐色まで変化し，頭胸が黄褐色で上翅が黒褐色になったもの（写真右）もある．また，前胸背板の白色毛列も変異が激しく，上翅中央の1対の斑紋も明らかなものから全く認められないものもあって，前種を含めて検討する必要がある．♂♀の区別については第7腹板に顕著な形態的性徴があり，多比良(1983)が図示している．また，ノミハムシやノミゾウムシのように跳ねることの観察例も同時に報告している．多くはない種だが，恐らく九州でも採集されるだろう．
　分布：　本州，四国
　撮影標本データ：　（左）静岡県伊豆天城筏場，3.IX.2006，平野幸彦採集；（右）神奈川県厚木市大山不動尻，8.VI.1998，平野幸彦採集

Propalticus morimotoi H. Kamiya, 1964　マダラミジンキスイ

　体長 1.6mm ほど．西表島の Ushiku-mori がタイプロカリティである．黒褐色で，上翅に黄褐色〜褐色の紋がある．かなり少ない種である．
　　分布：　西表島
　　撮影標本データ：　沖縄県西表島大富自然観察路，24. X. 1996，平野幸彦採集

Propalticus ryukyuensis H. Kamiya, 1964　ムネスジミジンキスイ

　体長 1.3-1.7mm．西表島の Ushiku-mori がタイプロカリティである．黒褐色で，上翅の淡色紋が中央の暗色部を囲む環状なのが特徴で，同定は容易である．稀種と思われる．
　　分布：　石垣島，西表島
　　撮影標本データ：　沖縄県西表島大富自然観察路，24. X. 1996，平野幸彦採集

参考文献

Bousquet, Y., 1990. Beetles associated with stored products in Canada: An identification guide.:214pp. Agriculture Canada Publication 1837, Canada.

Bousquet, Y., 2002. Monotomidae. American Beetles 2: pp. 319-321.

Casey, T. L., 1884. Revision of the Cucujidae of America North of Mexico. *Trans. Amer. Ent. Soc.* 11:69-1412.

张生芳・刘永平・武増强, 1998. 中国储藏物甲虫, 444pp. 中国农业科技出版社, 北京.

円海山域自然調査会, 2000. コウチュウ目. 円海山の昆虫. 神奈川虫報, (130): 115-286.

Grouvelle, A., 1877. Cucujides nouveaux ou peu connus, 2er Mémoire. *Ann. Soc. Ent. France* :205-214, pl. 5.

Grouvelle, A., 1908. Coleopteres de la region indienne. Rhysodidae, Trogositidae, Nitidulidae, Colydiidae, Cucujidae. *Ann. Soc. Ent. France* 77[1908-1909]: 315-495, pls 6-9.

Grouvelle, A., 1913. H. Sauter's Formosa-Ausbeute. Rhysodidae, Nitidulidae, Ostomidae, Colydiidae, Passandridae, Cucujidae, Cryptophagidae, Diphylidae, Lathridiidae, Mycetophagidae, Dermestidae. *Archiv. f. Natur.* 11: 33-76.

Halstead D.G. H., 1993. Keys for the identification of beetles associated with stored products. II. Laemophloeidae, Passandridae and Silvanidae. *J. stored Prod. Res.* 29(2): 99-197.

Hatch, M. H., 1961. The beetles of the Pacific Northwest Part3. *Univ. Washington Press, Seattle.*

平野幸彦, 2004. コウチュウ目. 神奈川県昆虫誌(II): 335-835. 神奈川昆虫談話会

平野幸彦, 2004. キイロホソネスイの沖縄の記録. 月刊むし, (406):21.

平野幸彦, 2007. 日本産ネスイムシ科 Monotomidae について. 神奈川虫報, (158): 11-20.

平野幸彦, 2007. 日本産チビヒラタムシ科について. 神奈川虫報, (160): 15-33.

平野幸彦, 2009. 日本産チビヒラタムシ科補遺. 神奈川虫報, (166): 37-43.

久松定成, 1958. 日本産微小甲虫図説 [I]. あげは, (6): 1-4.

久松定成, 1958. 日本のネスイムシ属について. あげは, (6): 5-9.

Hisamatsu, S., 1965. Some beetles from Formosa. *Spec. Bull. Lep. Soc. Jap.* (1):130-140.

Hisamatsu, S., 1968. Records of some little-known Coleoptera. *Trans. Shikoku Ent. Soc.*10(1):pp31-32.

久松定成, 1979. 日本産 Monotoma 属(Col. : Rhizophagidae). 四国虫報,(24):136.

久松定成, 1985. ネスイムシ科. 原色日本甲虫図鑑(III). pp. 169-172. 保育社

久松定成・酒井雅博, 1970. 日本産微小甲虫図説 [IV]. あげは, (11): 3-8.

北隆館, 1978. 原色昆虫大図鑑第II巻（甲虫編）追補・正誤表. 1-18.

市橋甫, 1998. オオバケデオネスイをヒグラシの死骸から採集. ひらくら, 42(6): 94.

Iablokoff-Khnzorian, S .M., 1977. Beetles of the tribe Laemophloeini (Coleoptera: Cucujidae) in the Soviet Union. I. *Entomologicheskoye Obozreniye* **56**: 610-624. (In Russian).

Iablokoff-Khnzorian, S. M., 1978. Beetles of the tribe Laemophloeini (Coleoptera: Cucujidae) in the fauna of the USSR. II. *Entomologicheskoye Obozreniye* **57**:337-353. (In Russian).

Jelínek, J., 2007. Sphindidae. Catalogue of Palaearctic Coleoptera 4.(Edited Löbl & Smetana). p. 455. Apollo Books, Stenstrup.

Jelínek, J., 2007. Monotomidae. Catalogue of Palaearctic Coleoptera 4.(Edited Löbl & Smetana). pp. 491-495. Apollo Books, Stenstrup.

John, H., 1960. Eine übersicht über die familie Propalticidae (Col.). *Pacif. Ins.* 2: 149-170.

John, H., 1971. Propalticidae. *Insects of Micronesia* 16(7): 287-294.

神谷寛之, 1961. 珍稀甲虫図説. 筑紫の昆虫 6(2): 1-4.

Kamiya, H., 1964. Discovery of the family Propalticidae in the Ryukyus (Coleoptera, Cucujoidea-Clavicornia). *Kontyu*, **32**: 281-285.

苅部治紀・高桑正敏・須田真一・松本浩一・岸本年郎・中原直子・長瀬博彦・鈴木亙, 2004. 神奈川

県立生命の星・地球博物館が行った 1997-2003 年の調査で得られた小笠原の昆虫目録. 神奈川博調査研報.(自然), (12):65-86.

Kôno, H., 1940. Die Nitiduliden und Cucujiden in Tannen-und Fichtenwald in Japan. *Ins. Mats.*, 16(2/3):56-62.

Krivolutskaya, G. O., 1992. Cucujidae. Clasification of Insects of Far East USSR. 3(2), Coleoptera 2 （極東ロシアの昆虫分類検索誌 3-2 甲虫-2) pp.233-245. ナウカ出版, サンクトペテルブルグ. (露文)

黒沢良彦, 1963. ヒラタムシ科. 原色昆虫大図鑑Ⅱ(甲虫篇), pp. 187-188. 北隆館, 東京.

九州大学農学部昆虫学教室・日本野生生物研究センター, 1989. 日本産昆虫総目録Ⅰ. 540pp.

Kuschel, G., 1979. The genera *Monotoma* Herbst (Rhizophagidae) and *Anommatus* Wesmael (Cerylidae) in New Zealand (Coleoptera). *New Zealand Entomologist*, 7(1): 44-48.

Lafer, G. Sh., 1992. Sphindidae. Clasification of Insects of Far East USSR. 3(2), Coleoptera 2 （極東ロシア昆虫分類誌 3(2), 甲虫-2): pp. 229-233. ナウカ出版, サンクトペテルブルグ. (露文)

Lafer, G. Sh., 1999. Contributions to the knowledge of Coleoptera fauna (Insecta) of Kunashir, Kuril Islands. *Far Eastern Entomoiogist*, 77: 1-16.

Lawrence, J. F. and A. F. Newton, Jr., 1995. Families and subfamily of Coleoptera (with selected genera, notes, and reference and data on family-group nemes). pp.,779-1006. In: J. Pakaluk and S. A. Slipinski, eds. Biology, Phylogeny, and classification of Coleoptera. Papers Celebrating the 80th Birthday of Roy A. Crowson. *Muzeum i Instytut Zoologii PAN, Warsaw.*

Lefkovitch, L.P., 1959. A revision of European Laemophloeinae (Coleoptera: Cucujidae). *Trans. R. Ent. Soc. London* 111: 95-118.

Lefkovitch, L. P., 1962. A revision of African Laemophloeinae (Coleoptera: Cucujidae). *Bul. Br. Mus. (Nat. Hist.) Ent., London.* 12(4): 167-245.

Lefkovitch L. P., 1964. *Laemophloeus immundus* Reitter,1874(Insecta: Coleoptera): Proposed suppression under the plenary powers. Z. N.(S.) 1649. *Bull. Zool. Nomencl.* 21, 375-376.

Lewis, G., 1874. Notes on Coleoptera common to Europe and Japan. *Ent. Mon. Mag.* **10**.: 172-175.

McHugh, J. V., 2002. Sphindidae. American Beetles 2: pp. 305-308.

Nakane, T., 1966. New or little-known Coleoptera from Japan and its adjacent regions, XXIV. *Fragm. Coleop.*, (16): 64-67.

中根猛彦, 1956. オバケオオズネスイムシ属の邦産種について. あきつ, 5: 1-3.

中根猛彦, 1963. ネスイムシ科・ヒメキノコムシ科. 原色昆虫大図鑑Ⅱ(甲虫篇), p. 195., 第98図版. 北隆館, 東京.

中根猛彦, 1970. 小笠原諸島の昆虫類. 小笠原の自然, -小笠原諸島の学術・天然記念物調査報告書-. 15-32. 文部省・文化庁.

中根猛彦, 1979. 新潟県の主として小さい科の甲虫の記録. 新潟県の昆虫, 101-113.

中根猛彦, 1991. 日本の雑甲虫覚え書7. 北九州の昆虫, 38(1): 1-9. pl. 1.

Nakane, T., & S. Hisamatsu, 1963. Two new genera and three new species of clavicorn Coleoptera from Japan. *Fragm. Coleop. pars* 12: 48-50.

生川展行, 2000. 三重県のネスイムシ科. ひらくら, 44(6): 88-91.

日本工営, 1994. 昆虫類. 小笠原自然環境調査. pp125-439.

日本応用動物昆虫学会, 2006. 農林有害動物・昆虫名鑑増補改訂版. 387pp.

日本生態学会編, 2002. 外来種ハンドブック. 390pp. 地人書館, 東京.

Nikitsky, N. B., 1992. Rhizophagidae. Clasification of Insects of Far East USSR. 3(2), Coleoptera 2 (極東ロシア昆虫分類誌 3(2), 甲虫-2): pp. 216-225. ナウカ出版, サンクトペテルブルグ. (露文)

Norman, H. Joy, 1932. A practical handbook of British beetles, Vol.1 620pp. vol.2. 194pp. E,W.Classey Ltd. England

大沢省三・佐々治寛之, 1978. 広島県のヒラタムシ科. 広島虫の会会報, (17): 223-224.

Reitter, E., 1874. Beschreibungen neuer Käfer-Arten nebst synonymischen Notizen. *Verh. Zool.-Bot. Gess. Wien*

24: 509-528.

Reitter, E., 1878. Coleopterorum species novae. *Verhandlungen der Kaiserlich-Koniglichen Zoologisch-Botanischen Gesellschaft in Wien* 27[1877]: 165-194.

Reitter, E., 1884. Die Nitidulidae Japans. *Wiener Ent. Ztg.* **3**: 257-272, 299-302.

Reitter, E., 1885. Die Nitidulidae Japans. *Wiener Ent. Ztg.* **4:** 12-18, 39-44, 75-80, 101-104.

Reitter, E., 1889. Verzeichness der Cucujiden Japans mit Beschreibungen neuer Arten. *Wein. Ent. Zeit.* **8**: 313-320.

酒井雅博, 1985. ヒメキノコムシ科. 原色日本甲虫図鑑(Ⅲ). p. 169. 保育社

酒井雅博, 1993. 四国産甲虫目分布ノート(1). 四国虫報, (29): 175-176.

酒井雅博, 2000. 小田深山とその周辺地域のテントウムシダマシ科など. 小田深山の自然Ⅱ.505-510. 愛媛県上浮穴郡小田町

酒井雅博, 2007. チビヒラタムシ科. 新訂原色昆虫大図鑑　第Ⅱ巻(甲虫篇), pp. 222-223. 森本桂(監修) (1963年初版発行)

酒井雅博, 2007. ネスイムシ科. 新訂原色昆虫大図鑑　第Ⅱ巻(甲虫篇), p. 231. 森本桂(監修) (1963年初版発行)

Sasaji, H., 1971. A new *Propalticus*-species of Japan. (Coleoptera: Propalticidae). *Kontyu.* **39**: 37-38.

佐々治寛之, 1979. 日本産ミジンキスイムシ科概説, 甲虫ニュース, (48):1-3.

Sasaji, H., 1983. Contribution to the taxonomy of the superfamily Cucujoidea (Coleoptera) of Japan and her adjacent districts, Ⅰ. *Mem. Fac. Educ., Fukui Univ., Ser. Ⅱ, Nat. Sci.,* (33): 17-52.

佐々治寛之, 1985. ヒラタムシ科. 原色日本甲虫図鑑(Ⅲ), pp. 199-202. 保育社, 大阪.

Sasaji, H., 1986. A revision of the genus *Leptophloeus* (Coleoptera, Cucujidae) of Japan. *Kontyû, Tokyo,* 54(4): 681-687.

Sasaji H., 1993. Contribution to the taxonomy of the superfamily Cucujoidea (Coleoptera) of Japan and her adjacent districts, VII. *Mem. Fac. Educ., Fukui Univ. ,Ser. II, Nat. Sci.,* (44): 17-25.

佐々治寛之・井上重紀, 2005. 福井県甲虫雑記(10). 福井虫報, (35): 5-11.

佐々治寛之・井上重紀・酒井哲弥・斉藤昌弘・陶山治宏, 1998. コウチュウ目. 福井県昆虫目録(第2版). pp.99-311. 福井県自然環境保全調査研究会昆虫部会, 福井県

佐々治寛之・斉藤昌弘, 1985. 甲虫目. 福井県昆虫目録: 5-245. 福井県自然環境保全調査研究会, 福井県

佐々治寛之・陶山治宏, 1990. 福井県産デオネスイ属について. 福井虫報, (6): 20.

佐々木健志・木村正明・河村太, 2002. コウチュウ目(鞘翅目). 琉球列島産昆虫目録. pp. 157-284. 沖縄生物学会, 沖縄・西原

多比良嘉晃, 1983. 静岡県下でキウチミジンキスイを採集. 静岡の甲虫, **2** (1): 18-19.

多比良嘉晃, 1993. ムナビロネスイの北海道における採集記録. 静岡の甲虫, **10**(2): 27.

多比良嘉晃, 2005. コウチュウ目. 静岡県野生生物目録. pp.106-163. 静岡県環境森林部自然保護室, 静岡市

高倉康男, 1989. 福岡県の甲虫相. 526pp. 葦書房, 福岡市

田中和夫, 1982. 或小鳥屋の甲虫相. 静岡の甲虫, **1**(2): 15-16.

Thomas, M.C., 1984. A revision of the New World species of *Placonotus* Macleay (Coleoptera: Cucujidae). Occasional papers of the Florida state collection of Arthropods 3:i-vii & 28pp.

Thomas, M.C., 1988. A revision of the New World species of *Cryptolestes* Ganglbauer (Coleoptera: Cucujidae: Laemophloeinae). *Insecta Mundi* 2 (1): 43-65.

Thomas, M.C., 1993. The flat bark beetles of Florida (Laemophloeidae, Passandridae, Silvanidae). Arthropods of Florida and Neighboring Land Areas 15: i-viii and 1-93.

Thomas, M. C., 2002. Laemophloeidae. American beetles Vol.2. pp. 331-334.

Vogt, H., 1967. Rhizophagidae. ; Cucujidae. Die Käfer Mitteleuropas , Band 7, Clavicornia. pp. 80-104.

吉田敏治・渡辺直・尊田望之, 1989. ヒラタムシ科, pp. 78-81. 図説貯蔵食品の害虫. 全国農村教育協会,

東京.

渡辺泰明・相馬州彦, 1972. 三宅島の昆虫相. 農学集報, 17(1): 1-58.

王殿軒他編, 2008. 中国儲粮昆虫図鑑, 145pp. 中国农业科学技术出版社, 北京.

Wegrzynowicz, P., 2007. Laeophloeidae. Catalogue of Palaearctic Coleoptera 4.(Edited Löbl & Smetana). pp. 503-506. Apollo Books, Stenstrup.

＜Web site＞

北海道大学総合博物館, 中根猛彦コレクション：甲虫類タイプ標本データベース,
  http://neosci-gw.museum.hokudai.ac.jp/html/modules/stdb/

Kopecky, T., 2006. Beetles (Coleoptera) families, Cucujidae.
  http://www.sweb.cz/kopido/cucujidae.pdf

九州大学総合研究博物館, 佐々治コレクションホロタイプデータベース,
  http://www.museum.kyushu-u.ac.jp/SPECIMEN/SASAJI/s36.html

農林水産省植物防疫所, 2007. 植物防疫法の規制を受ける昆虫類など
  http://www.pps.go.jp/insect/PestList.html

Thomas, M. C., 2003. An illustrated atlas of the Laemophloeidae genera of the world (Coleoptera).
  http://www.fsca-dpi.org/Coleoptera/Mike/LaemophloeidaeLink..htm

Thomas, M, C., 2005. A Bibliography of the Cucujidae (sens. lat).
  http://fsca.entomology.museum/Coleoptera/Mike/cucujidbib.htm

Thomas, M. C., 2007. A preliminary checklist of the flat bark beetles of the world (family Laemophloeidae).
  http://www.fsca-dpi.org/Coleoptera/Mike/chklist3.htm (up date Oct. 2007)

Thomas, M. C., 2009. Cucujidae (s. str.), Laemophloeidae, Passandridae, Silvanidae.
  http://www.fsca-dpi.org/Coleoptera/Mike/chklist.htm (up date Jan. 2009)

Family, Subfamily　科・亜科

- A -
Aspidiphorinae（マルヒメキノコムシ亜科）
.... 6

- L -
Laemophloeidae（チビヒラタムシ科）...... 26
Laemophloeinae（チビヒラタムシ亜科）... 26

- M -
Monotomidae（ネスイムシ科）................ 9
Monotominae（デオネスイ亜科）............ 13

- P -
Propalticinae（ミジンキスイ亜科）............ 51

- R -
Rizophaginae（ネスイムシ亜科）.............. 9

- S -
Sphindidae（ヒメキノコムシ科）.............. 5
Sphindinae（ヒメキノコムシ亜科）............ 5

Genus, Subgenus　属・亜属

- A -
Anomophagus Reitter, 1907 10
Aspidiphorus Dejean, 1821 6

- C -
Cryptolestes Ganglbauer, 1899 27

- E -
Europs Wollaston, 1854 .... 13, 14

- L -
Laemophloeus Dejean, 1836 31
Leptophloeus Casey, 1916 33

- M -
Microbrontes Reitter, 1874 38
Mimemodes Reitter, 1876 16
Monotoma Herbst, 1793 19
Monotopion Reitter, 1885 15

- N -
Nipponophloeus Sasaji, 1983 38
Notolaemus Lefkovitch, 1959 40

- P -
Placonotus Macleay, 1871 44
Propalticus Sharp, 1879 51
Pseudophloeus Iablokoff-Khnzorian, 1977
.... 48

- R -
Rhizophagoides Nakane et Hisamatsu, 1963
.... 23
Rhizophagus Herbst, 1793 .... 9, 10

- S -
Shoguna Lewis, 1884 25
Sphindus Dejean, 1821 5

- X -
Xylolestes Lefkovitch, 1962 49

species 種

- A -
abei (*Laemophloeus*) ·················· 34

- B -
boninensis (*Nipponophloeus*) ·················· 39
brevicollis (*Monotoma*) ·················· 20
brevis (*Sphindus*) ·················· 5

- C -
caenifrons (*Mimemodes*) ·················· 16
capensis (*Cryptolestes*) ·················· 28
castaneipennis (*Sphindus*) ·················· 6
convexiusculus (*Laemophloeus*) ·················· 34
cribratus (*Mimemodes*) ·················· 17
cribratus (*Notolaemus*) ·················· 41

- D -
dorcoides (*Nipponophloeus*) ·················· 39

- E -
emmerichi (*Mimemodes*) ·················· 18

- F -
femoralis (*Laemophloeus*) ·················· 35
fenestratus (*Placonotus*) ·················· 45
ferrugineum (*Europs*) ·················· 15
ferrugineus (*Cryptolestes*) ·················· 28
foveicollis (*Laemophloeus*) ·················· 36
fuscicornis (*Pseudophloeus*) ·················· 48

- H -
hilleri (*Placonotus*) ·················· 46

- J -
japonicus (*Aspidiphorus*) ·················· 7
japonicus (*Propalticus*) ·················· 52
japonicus (*Rhizophagus*) ·················· 10
japonus (*Mimemodes*) ·················· 18

- K -
kiuchii (*Propalticus*) ·················· 52
kojimai (*Rhizophagoides*) ·················· 24
kraussi (*Laemophloeus*) ·················· 32

- L -
laemophloeoides (*Microbrontes*) ·················· 38
laevior (*Xylolestes*) ·················· 49
lewisi (*Notolaemus*) ·················· 41
longicollis (*Monotoma*) ·················· 21

- M -
monstrosus (*Mimemodes*) ·················· 19
morimotoi (*Propalticus*) ·················· 53

- N -
nigroornatus (*Notolaemus*) ·················· 42
nobilis (*Rhizophagus*) ·················· 11

- P -
parviceps (*Rhizophagus*) ·················· 11
picipes (*Monotoma*) ·················· 21
puncticollis (*Rhizophagus*) ·················· 10
pusilloides (*Cryptolestes*) ·················· 29
pusillus (*Cryptolestes*) ·················· 29

- Q -
quadrifoveolata (*Monotoma*) ·················· 22

- R -
rufotestacea (*Shoguna*) ·················· 25
ryukyuensis (*Propalticus*) ·················· 53

- S -
sakaii (*Aspidiphorus*) ·················· 7
simplex (*Rhizophagus*) ·················· 12
spinicollis (*Monotoma*) ·················· 22
submonilis (*Laemophloeus*) ·················· 32
subvillosus (*Rhizophagus*) ·················· 12

- T -
temporis (*Europs*) ·················· 14
testacea (*Monotoma*) ·················· 23
testaceus (*Placonotus*) ·················· 46
turcicus (*Cryptolestes*) ·················· 30

- U -
ussuriensis (*Notolaemus*) ·················· 42

和名索引

- ア -
アナバケデオネスイ …………………… 17

- イ -
イリオモテホソチビヒラタムシ (仮称) … 37

- ウ -
ウスイロデオネスイ …………………… 23
ウスグロチビヒラタムシ ……………… 48
ウスモンクロチビヒラタムシ (仮称) … 43
ウスリーチビヒラタムシ ……………… 42

- エ -
エグリバチビヒラタムシ (仮称) ……… 50

- オ -
オオキバチビヒラタムシ ……………… 39
オオバケデオネスイ …………………… 18
オキナワチビヒラタムシ (仮称) ……… 44
オキナワホソデオネスイ ……………… 15
オキナワマルヒメキノコムシ(仮称) … 8
オニカクムネチビヒラタムシ (仮称) … 31
オバケデオネスイ ……………………… 19

- カ -
カギヒゲチビヒラタムシ ……………… 38
カクムネチビヒラタムシ ……………… 29
カドコブデオネスイ …………………… 20
カドムネチビヒラタムシ ……………… 46

- キ -
キイロチビヒラタムシ ………………… 45
キイロホソネスイ ……………………… 25
キウチミジンキスイ …………………… 52
キボシチビヒラタムシ ………………… 32

- ク -
クリイロヒメキノコムシ ………………… 6
グルーベルホソチビヒラタムシ ……… 34
クロケブカチビヒラタムシ (仮称) …… 43
クロヒメネスイ ………………………… 10
クロホシチビヒラタムシ ……………… 42

- コ -
コバケデオネスイ ……………………… 18

- サ -
サカイマルヒメキノコムシ ……………… 7
サビカクムネチビヒラタムシ ………… 28

- ス -
ズバケデオネスイ ……………………… 16

- セ -
セマルチビヒラタムシ ………………… 49

- チ -
チビネスイ ……………………………… 11
チャイロニセケブカネスイ (仮称) …… 24
チャイロホソチビヒラタムシ (仮称) … 36

- ツ -
ツヤケシチビヒラタムシ ……………… 39
ツヤネスイ ……………………………… 12
ツヤヒメキノコムシ ……………………… 5

- ト -
トゲムネデオネスイ …………………… 22
トビイロデオネスイ …………………… 21
トルコカクムネチビヒラタムシ ……… 30

- ニ -
ニセケブカネスイ ……………………… 24
ニセデオネスイ ………………………… 15

- ハ -
ハウカクムネチビヒラタムシ ………… 29
ハラグロカドムネチビヒラタムシ (仮称)
　　　　　　　　　　　　　　　　47

- ヒ -
ヒゲナガホソチビヒラタムシ ………… 34
ヒゲブトチビヒラタムシ (仮称) ……… 47
ヒメキボシチビヒラタムシ (新称) …… 32
ヒレルチビヒラタムシ ………………… 46

- ホ -
ホソカクムネホソヒラタムシ ………… 28
ホソチビヒラタムシ ………………… 35
ホソデオネスイ ……………………… 14
ホソムネデオネスイ ………………… 21

- マ -
マダラミジンキスイ ………………… 53
マルヒメキノコムシ ………………… 7

- ム -
ムクゲネスイ ………………………… 12
ムナクボホソチビヒラタムシ ………… 36
ムナビロネスイ ……………………… 11
ムネスジミジンキスイ ……………… 53

- メ -
メボソホソチビヒラタムシ（仮称）…… 37

- モ -
モンチビヒラタムシ ………………… 41

- ヤ -
ヤクシマホソデオネスイ …………… 14
ヤマトネスイ ………………………… 10
ヤマトミジンキスイ ………………… 52

- ヨ -
ヨシカクムネチビヒラタムシ（仮称）… 30
ヨツアナデオネスイ ………………… 22

- ル -
ルイスチビヒラタムシ ……………… 41

おわりに

　ヒメキノコムシ科5種，ネスイムシ科24種，チビヒラタムシ科37種，合計66種を整理できた．しかし，日本産をできるだけ網羅しようとしたため，種小名がわからない日本未記録種がいくつかあって，多くの課題を残してしまったことは誠に申し訳ない．自分のコレクションになかったヨツアナデオネスイの標本を愛媛大から借りることができたので，ほぼすべての種を網羅できた．厚く御礼申し上げる．写真を撮影できなかった *Propalticus japonicus* Nakane ヤマトミジンキスイを除いては何とか自分で写真を撮ることができた．当初は双眼顕微鏡にデジカメをつけただけで撮影したが，やはり画像は充分満足できるものではなかった．それ故，川井信矢氏に撮り直していただいた．何しろ全くの素人が，標本集めから始め，同定，整理，入力，編集などをおこなったので，出来映えは必ずしも良いとはいえないが，同定の手引き書としてはお役に立てるものができたと自負している．恐らく多くの誤謬があると思われるが，ご指摘いただければ幸いである．

　日本産のヒラタムシ上科の研究は故佐々治寛之博士や故久松定成博士の業績が極めて大きいが，もう少し長生きして研鑽を重ねていただきたかったと誠に残念に思う．恐らく，この冊子を見たら，一笑に付すると思うし，慚愧の念に堪えがたいが，墓前に捧げたいと思う．今後，ヒラタムシ上科の若い研究者が輩出されることを願っている．

　今回はヒラタムシ上科の微小甲虫の3科をあつかったが，今後も少しずつまとめていきたいと思っている．ご支援とご鞭撻のほどをお願いしたい．

　末筆ではあるが，この小冊子の出版に並々ならぬお力添えをいただいた昆虫文献六本脚の川井信矢氏に御礼を申し上げたい．また，種々のご助言をいただいた高桑正敏博士に深謝する．

編集後記

　2008年秋の松山での学会で，本書の原版である冊子を平野さんに見せていただいた．微小甲虫のスペシャリストである同氏には度々同定依頼が寄せられるが，時にはご自身の同定メモとして，また時には同定依頼者への資料として書き溜めた手作りの同定手引きであるという．しかし，研究の遅れている分野であるため未完成・未解明の部分も多く，とても広くお見せできるものではないと，当初は出版に対して消極的であられた．

　その後，会合等で各位の意見を聞いてみると希望者が多く，また大林・高桑両博士の後押しもあって，著者の出版の意思が固まり，当方がお手伝いをさせていただくこととなった．本図鑑の位置づけとして，日本産コガネムシ上科図説シリーズの姉妹シリーズとし，判型B5・並製本にすることでコストを落とし，普及を優先することとした．ヒラタムシ上科は大変多くの科を含んだグループであり，今後の続刊も大いに期待されるところである．

　昆虫界では，研究の進んだグループの集大成として立派な図鑑やレビジョンが出版されることがほとんどであるが，マイナーな分類群や研究途上のグループを一時的にでもまとめることが，その後の研究にいかに大きな推進力をつけるかは想像に難くない．しかし，昨今の出版事情や研究者の現状からは，それが容易なことではないこともまた明白であろう．昆虫文献六本脚では今後も昆虫界のマイナー出版に最大限の協力を惜しまないつもりである．本書がヒラタムシ上科ファンを増やし，いわゆる雑甲虫屋の裾野を広める一翼を担えれば，編集者として，また一甲虫屋として本望である．

（川井信矢）